Heidelberger Taschenbücher Band 52

H. M. Rauen

Chemie für Mediziner – Übungsfragen

Springer-Verlag Berlin · Heidelberg · New York 1969

Professor Dr. H. M. Rauen,
Physiologisch-Chemisches Institut der Universität
44 Münster, Waldeyerstr. 15

ISBN-13: 978-3-540-04547-2   e-ISBN-13: 978-3-642-95115-2
DOI: 10.1007/ 978-3-642-95115-2

Titel-Nr. 7582

606 Übungsfragen
zur Vorbereitung auf das Examen
Chemie für Mediziner

„Für Examenserfolg fit —
Gegen Examensangst immun"

Einführung

Mit den Bänden Nr. 52 „Chemie für Mediziner — Übungsfragen" und Nr. 53 „Biochemie — Übungsfragen" in der Reihe Heidelberger Taschenbücher wird dem Studierenden der Medizin zur Vorbereitung auf das Vorphysikum und Physikum ein neuartiges Arbeitssystem in die Hand gegeben.

Anlaß zur Entwicklung dieses Systems war die in jahrzehntelanger Prüfungstätigkeit gewonnene Erkenntnis, daß die Kandidaten mit sehr unterschiedlichen Lern- und Arbeitsbedingungen das Examen antreten. Als eine der Hauptursachen erwies sich die ungenaue Vorstellung von der „Fragepraxis" in der Prüfung. Diese Überlegung bildete die Grundlage zur Entwicklung eines „Planspiels" in Form eines Fragesystems, das annähernd den Gepflogenheiten des Examens entspricht. In Frageform wird das jeweilige Fachgebiet abgehandelt, jedoch nicht mit Frage plus Antwort zum Auswendiglernen. Vielmehr erstrecken sich die Fragen, ohne gebietsweise angeordnet zu sein, ineinander verzahnt und teilweise mit „Starthilfen" versehen, über das zum Examen benötigte Fachgebiet. Dadurch ist der Studierende in der Lage, anhand der Fragensammlung sein nach dem Lehrbuch erworbenes Wissen zu überprüfen und zu festigen. Die „Trainingsfragen" entspringen nicht dem subjektiven Wissensgut, sondern sie stellen das Fachgebiet als „stummen Fragepartner" dar. Dieser ist jederzeit griffbereit zum Memorieren und deckt Wissenslücken auf, regt zum Nachschlagen im Lehrbuch an oder ermuntert durch richtig gefundene Resultate. Durch dieses Fragesystem werden die aus dem Lehrbuch erarbeiteten Fakten zu einem „elastischen Wissen" umgeformt. Schon während der Vorbereitung auf das Examen stellt sich der Studierende auf die Form der Examensfragen ein und genießt dadurch den Vorteil, daß er dies nicht erst zu Beginn der Prüfung nachholen muß. Für denjenigen, der mit Hilfe dieses Systems sein Wissen überprüft hat, ist es selbstverständlich, auf präzise Fragen präzise zu antworten und jene Formulierungsdisziplin zu entwickeln, die Mißverständnisse zwischen Prüfer und Kandidaten vermeiden hilft.

Der Band „Chemie für Mediziner — Übungsfragen“ * bildet die Grundlage für „Biochemie — Übungsfragen“, und umgekehrt wäre es ratsam, bei der Arbeit zum Physikum die „Chemie“ zu wiederholen, da diese beiden Bände für das Studienfach aufeinander abgestimmt sind.

Wenn auch heute alle Bestrebungen dahingehen, durch verschiedenartige Maßnahmen das Erarbeiten eines Gebietes zu vereinfachen, so ist doch die individuelle geistige Leistung nicht zu umgehen. Möge dieses Arbeitssystem dazu beitragen, den „Transfer des Lehrwissens in das Lernwissen“ zu beleben und zu rationalisieren.

Münster/Westfalen, Januar 1969   H. M. RAUEN

---

* Folgende Bücher wurden bei der Zusammenstellung der Übungsfragen zu Rate gezogen: Henning, H.-G., W. Jugelt u. G. Sauer: Praktische Chemie für Mediziner, VEB Verlag Volk und Gesundheit, Berlin 1966; Pauling, L.: Chemie — Eine Einführung, 2. Aufl. Verlag Chemie GmbH, Weinheim/Bergstr. 1958; Qhite, E. H.: Grundlagen der Chemie für Biologen und Mediziner, Franckh'sche Verlagshandlung, Stuttgart 1966.

Was ist der Unterschied zwischen Hypothese und Theorie?
Inwiefern spielt bei der Entwicklung der letzteren aus der ersteren das naturwissenschaftliche Experiment eine Rolle? — Von welchen Voraussetzungen hängt der Aussagewert eines Experimentes ab?

Was besagt die Einstein-Beziehung?
Welche beiden Erhaltungsgesetze werden hierdurch zu einem einzigen Gesetz vereinigt? — Gilt das „Gesetz" von der Erhaltung der Masse für chemische Reaktionen auch weiterhin uneingeschränkt?

Wie nennt man die chemischen Grundbausteine der Elemente und aus welchen Elementarteilchen sind sie zusammengesetzt?
Der Name ist vom griechischen „das Unzerschneidbare" abgeleitet. — Im wesentlichen sind es drei Arten von Elementarteilchen, in Wirklichkeit jedoch mehr.

Beschreiben Sie die Funktion eines Bunsenbrenners.
Durch welche Maßnahmen erzielt man eine gelbliche, „leuchtende" Flamme bzw. eine bläuliche, „nichtleuchtende"? — Wo ist in der letzteren die Reduktionszone und die Oxydationszone? Warum schlägt sich Ruß nieder, wenn man in die leuchtende Flamme eine mit Wasser gekühlte Porzellanschale hält, und wann ist dies nicht der Fall mit der nichtleuchtenden Flamme? — In welchem Flammenbereich ist die Temperatur am höchsten und wie hoch ist sie? — Welche Temperaturen kann man erreichen, wenn man in geeigneten Brennereinrichtungen Luft mit Sauerstoff, Acetylen mit Sauerstoff oder Wasserstoff mit Sauerstoff verbrennt?

Erläutern Sie die Begriffe Materie, Material, Substanz, Stoff, Gemisch, Bestandteil.

Welche Eigenschaften der Atome eines bestimmten Elements determiniert die Anzahl der Protonen?
Was bedeutet es, wenn man die Protonenzahl verändert?

Wie funktioniert die Regulierung eines auf Temperaturkonstanz oberhalb der Raumtemperatur zu haltenden Wasserbades und welcher Unterschied besteht gegenüber der Regulierung auf eine unterhalb der Raumtemperatur einzustellende Temperatur?
Abgesehen davon, daß im ersteren Falle aufzuheizen und im letzteren Falle abzukühlen ist, liegt der prinzipielle Unterschied in der Konstruktion der Arbeitseinheit Kontaktthermometer-Relais: Schließungsmechanismus-Öffnungsmechanismus!

Unter welchen Bedingungen gebrauchen Sie die Begriffe homogen und heterogen in bezug auf Stoffe oder Phasen?
Was ist denn eine Phase? — Wieviele Phasen weist eine klare Kochsalzlösung auf? — Und eine, die auf einem Bodensatz von

kristallisiertem Kochsalz steht? — Ist jede Phase nur eine Substanz oder eine Mischung? — Wieviele Bestandteile sind im Gefäß mit der „gesättigten" Kochsalzlösung vorhanden?

Was sind Isotope eines Elementes?
Entstehen Isotope durch Variation der Anzahl von Protonen, Neutronen oder Elektronen?

Wieviel Isotope des Elements Wasserstoff kennen Sie und mit welchen Symbolen bezeichnet man sie?

Beschreiben Sie die Wirkung eines Papierfilters zum Abtrennen von Niederschlägen aus Lösungen.
Welche Beziehung besteht zwischen Porengröße des Filters und Korngröße des Niederschlages? — Sind beide Größen Fixgrößen oder vielmehr statistische Verteilungen? — Zeichnen Sie die Verläufe beider Größenverteilungen hin, für den Fall einer maximalen Trennwirkung (Starthilfe: das größte Loch muß kleiner sein als das kleinste Korn).

Was verstehen Sie unter induktiver und deduktiver Schlußweise in bezug auf die Erforschung von Naturgesetzen?

Vom Element Wasserstoff gibt es ein einwertiges negatives und ein einwertiges positives Ion. Welche sind das, wie sind sie aufgebaut und wie symbolisiert man sie? — Was ist überhaupt ein Ion?

Wie definieren Sie chemische Reaktionen?
Was verändert sich hierbei? — Zwei Parameter!

Wie funktioniert eine Wasserstrahlpumpe zur Erzeugung eines Vakuums in einer geschlossenen Glasapparatur?
Wieviel Torr kann man mit ihr erreichen und wovon ist die maximale Leistung der Wasserstrahlpumpe abhängig? — Mit welchem Gerät mißt man den erzielten Unterdruck?

Was ist der Unterschied zwischen „Atomkristallen" und Molekelkristallen?
Sind wir berechtigt, von „Atomkristallen" zu sprechen, d. h. treten in einem solchen abgegrenzte Atomgruppen auf? — Gibt es auch Molekelkristalle, die aus Atomen bestehen? — Wie ist das beim festen Jod? — (Atomabstand in jeder Molekel ist 2,70 Å, kleinster Abstand zwischen Jodatomen verschiedener Molekel 3,54 Å. Was besagt das?)

Was bezeichnen wir in der Chemie als Stöchiometrie?
Zwei Parameter verändern sich bei chemischen Umsetzungen. Den einen meint man mit diesem Ausdruck.

Was wissen Sie über die Bindungskräfte zwischen Atomen einer Molekel
einerseits und zwischen den Molekeln andererseits Allgemeines auszu-
sagen?

Kann man auch die Atome in einer Molekel leicht zu einer Lage-
änderung zueinander zwingen? — Kann man die Lage der Molekeln zueinander leicht verändern?

Erfolgen bei chemischen Reaktionen von Elementen und Verbindungen
Konfigurationsänderungen in den Atomkernen oder in anderen Regio-
nen und in welchen?

Was verändert sich hierbei und was bleibt konstant?

Was ist ein Exsikkator und zu welchem Zweck gebraucht man ihn?

Kann man das gleiche nicht auch mit einem Trockenschrank erreichen? — Welcher prinzipielle Unterschied besteht in der Arbeits-
weise beider Geräte? — Wann ist eine Substanz trocken? — Kann
man in einem Exsikkator auch Kristallwasser entfernen? — Und
in einem Trockenschrank? — Welche Trockenmittel gebraucht man
für Exsikkatoren und welche Unterschiede bestehen in ihren Wir-
kungsgraden?

Was ist der allgemeine Unterschied zwischen Atom und Verbindung?

Welches sind relative Massen und relative Ladungen von Proton,
Neutron und Elektron?

Was verstehen wir unter Destillation und welche Apparatur gebrauchen wir hierzu?

Die physikalische Grundlage des Elementarvorganges der Destillation. — Was ist „verdampfen"? — Was ist Siedetemperatur und
wovon ist sie abhängig? — Kann man durch Destillation auch
Flüssigkeitsgemische voneinander trennen, unter welchen Voraussetzungen und welcher Spezialfall der Destillation ist dies? —
Eine andere Spezialform der Destillation wendet man an, wenn
die Flüssigkeiten höhere Siedepunkte haben (etwa über 120° C). —
Was ist Siedeverzug und wie verhindert man ihn? — Was ist
bei der Destillation brennbarer Flüssigkeiten mit einem Siedepunkt
unterhalb 110° C zu beachten?

Was besagt das Gesetz von der Konstanz der Masse?

Gilt es uneingeschränkt im Sinne der Frage oder muß man noch
eine andere Größe bzw. eine Beziehung zwischen zwei Größen
mit einbeziehen? Das letztere konnte *Lavoisier*, als er das Gesetz
von der Konstanz der Masse 1785 aufstellte, weder messen noch
gedanklich konzipieren.

Was schließen Sie daraus, daß bei der Knallgasreaktion $2H + O
\rightarrow H_2O - 63$ kcal$\cdot$Mol^{-1} ein Masseverlust von $3 \cdot 10^{-9}$ g$\cdot$Mol^{-1} gemessen
wird?

Was verstehen wir unter Energieniveaus der Elektronen in der Atomhülle?

Werden die Elektronen der kernnäheren Niveaus vom positiven Atomkern stärker angezogen als die der kernferneren? — Wie verhält es sich in dieser Beziehung mit den sogenannten Außenelektronen? — Welche Elektronenniveaus sind für die chemischen Eigenschaften der Atome ausschlaggebend?

Gilt das Gesetz von der Konstanz der Massen uneingeschränkt für alle chemischen und physikalischen Vorgänge?

Beschreiben Sie das „Schalenmodell" nach *Bohr* für den Atomaufbau.

Wie benennen wir die dem Kern nächste Schale und wieviele Elektronen kann sie maximal aufnehmen? — Nähere Bezeichnung unter Verwendung der Symbole für das „Unterniveau". — Wieviele Unterniveaus weist die zweite Schale auf? — Ihre maximale Elektronenzahl? — Das gleiche für die dritte Schale. — Wie errechnet sich die Maximalbesetzung der Schalen?

Was ist destilliertes Wasser und wie stellt man es her?

Welche Stoffe enthalten destilliertes Wasser nicht mehr und welche enthalten es trotz des Destillierens? — Welcher Fremdstoff ist in destilliertem Wasser wieder enthalten, wenn man es einige Zeit an offener Zimmerluft stehen läßt?

Was für ein prinzipieller Unterschied besteht zwischen dem „Schalenmodell" nach *Bohr* und dem „Orbitalmodell" nach *Schrödinger*?

Was verstehen wir unter einem Orbital? — Welche Orbitale sind für die Theorie der chemischen Bindung am wichtigsten? — Welche Unterschiede bestehen zwischen dem s-Orbital und den drei räumlich möglichen p-Orbitalen (p_x, p_y, p_z)? — Wieviel Elektronen kann jedes dieser Orbitale maximal aufnehmen? — Welche Bewegungen führen Elektronenpaare relativ zueinander aus?

Was besagt das Gesetz der konstanten Proportionen und das Gesetz der multiplen Proportionen?

Aus diesen Gesetzen lassen sich sehr wichtige, Verbindungen und Reaktionen charakterisierende Größen ableiten. Welche sind das?

Zeichnen Sie das $1 s^1$-Atommodell des Wasserstoffs, das $2 s^2 p^1$-Atommodell des Bors und das $2 s^2 p^4$-Atommodell des Sauerstoffs in vereinfachter Zeichenweise auf.

Wie sind insbesondere die p^4-Orbitale des Sauerstoffs räumlich angeordnet?

Beschreiben Sie Aufbau und Wirkungsweise eines Liebig-Kühlers.

Welchen Weg nimmt das Destillat und welchen das Kühlwasser? — Von welcher Eigenschaft des letzteren hängt die Effizienz eines Kühlers ab?

Was ist das Charakteristische des Gaszustandes aus molekularer Sicht?
Beschreiben Sie z. B. das Austreten und Wiedereintreten von Jodmolekeln aus dem Jodkristall. — Was verstehen wir bei diesem Beispiel unter „stationärem Zustand" oder Gleichgewicht?

Was sagt das Gesetz von *Gay-Lussac* aus?
Hierbei handelt es sich um vollständige Reaktionen gasförmiger Stoffe miteinander. Von welchem Gesetz ist dieses ein Spezialfall? — Beispiele: Reaktion von Cl_2 mit H_2 und von N_2 mit H_2.

Wenn man die Elemente nach steigender Protonenzahl anordnet, welche Eigentümlichkeiten beobachtet man dann bei den äußeren Orbitalen?
Stimmt der Terminus Protonenzahl mit den Begriffen Ordnungszahl und Kernladungszahl überein? — Periodizitäten.

Wie definieren Sie aus molekularer Sicht die Temperatur?
Warum ist dies, obgleich doch der Physik angehörig, auch ein Schlüssel für das Verständnis vieler chemischer Vorgänge? — Welche Beziehung besteht zwischen Temperatur und kinetischer Energie?

Welchen Gesetzmäßigkeiten liegt das Periodensystem der Elemente zugrunde?
Beschreibung des Systems mit allen Charakteristiken: Hauptgruppen und Nebengruppen.

Welchen Einfluß hatte die Entdeckung der Radioaktivität auf die Definition des Begriffes „Element"?

Was besagt das Gesetz von *Avogadro*?

Was verstehen wir unter der Oktett-Theorie?
Welches ist der energieärmste Zustand der sogenannten Valenzelektronenschale? — Durch welches Orbitalsymbol ist die Edelgaskonfiguration gekennzeichnet?

Was verstehen wir unter dem Molvolumen eines Gases?
„Normalbedingungen"!

Wie ist das Atomgewicht definiert?
Ist es eine absolute oder eine relative Größe? Welche Dimension besitzt es? — Welche Bezugsbasis verwendet man aufgrund internationaler Übereinkunft seit 1962?

In welchen Größenordnungen liegen die absoluten Atommassen?

Was ist das Grammaton eines Elementes?

Wieviele Protonen und wieviele Neutronen enthalten die Chlorisotope mit den Massen 35 und 37?

Kennen Sie Verwendungszwecke für Edelgase in der Biochemie bzw. Medizin?

Was verstehen wir unter dem Molekulargewicht einer Verbindung?

Was ist ein Grammolekül oder ein Grammion?
Was ist ein Mol?

Was besagt die Avogadrosche Zahl und wie ist ihr numerischer Wert?
Sie wird auch Loschmidtsche Zahl genannt.

Was gibt das Äquivalentgewicht an?
Ist es eine absolute oder eine relative Größe und welches sind die Bezugsgrößen? — Was für ein Gesetz wird hier angesprochen? — Und was verstehen wir unter der stöchiometrischen Wertigkeit? — Also kann man was für Eigenschaften der Elemente anhand des Äquivalentgewichtes ableiten? — Nennen Sie diejenigen Mengen von Wasserstoff, Sauerstoff, Schwefel und Chlor, die einander äquivalent sind. Vergleichen Sie die Äquivalentgewichte mit den Atomgewichten dieser Elemente. — Wie verhalten sich die Äquivalentgewichte, wenn ein Element in seinen Verbindungen in mehreren Wertigkeiten vorkommt? — Was ist ein Grammäquivalent?

Was verstehen wir unter einem Val?
Es ist eine numerische Größe, aber wovon?

In welchem Teil des Periodensystems stehen die Elemente mit metallischen Eigenschaften?

Auf welche Weise kommt eine heteropolare Bindung zustande?
Welche Größe bewirkt den Elektronenübergang von einem Atom auf ein anderes? — Was ist das Resultat eines solchen Übergangs? — Welchem Gesetz gehorcht die elektrostatische Anziehung entgegengesetzt geladener Ionen? — Durch welche Einwirkungen werden diese elektrostatischen Attraktionen vermindert?

Kennen Sie außer Sauerstoff noch andere Elemente, die in allotropen Modifikationen vorkommen?

Was bezeichnen wir als Konzentration eines Stoffes?
Rätseln Sie an folgenden Abkürzungen herum: G/G; G/V; V/G; V/V.

Was ist Molarität und Normalität einer Lösung und wie symbolisiert man sie?

Nach welchem Rechenansatz würden Sie die gewichtsmäßige Zusammensetzung von Glucose $C_6H_{12}O_6$ berechnen?

Wodurch kommt eine kovalente oder homöopolare Bindung zwischen zwei Atomen zustande?

Handelt es sich hierbei auch darum, daß die Oktett-Theorie erfüllt wird? — Welches Atommodell liefert zum Verständnis dieses Bindungstyps die bessere Anschaulichkeit, das Schalenmodell nach *Bohr* oder das Orbitalmodell nach *Schrödinger*? — Was sind Orbitalüberlappungen?

Was besagt die Mischungsregel?

Wie lautet die Mischungsgleichung und wie arbeitet man nach dem Mischungskreuz?

Wie würden Sie eine 96 masse-%ige Schwefelsäure herstellen?

Welche Elektronenkonfigurationen haben Wasserstoff und Sauerstoff im Wassermolekül?

Es sind zwei Edelgasanordnungen!

Deuten Sie die Konfiguration des Wassermoleküls nach dem Orbitalmodell.

Was ergibt sich daraus für die Raumwinkelung? — Zeichnen Sie das Raummodell auf, da seine genaue Kenntnis von fundamentaler Bedeutung für das Verständnis biochemischer Abläufe ist.

Sie sollen eine 70 vol-%ige Äthanollösung herstellen. Wie machen Sie das?

Zu vielen physiologischen und biochemischen Versuchen gebrauchen Sie eine 0,9%ige Kochsalzlösung. Wie stellen Sie diese her?

Was besagt eine chemische Reaktionsgleichung und wie stellen Sie sie auf?

Welche Informationen müssen Sie hierzu haben? — Bedenken Sie, daß diese Gleichung eine qualitative und eine quantitative Aussage hat. — Und welche Gesetze müssen Sie zu ihrer Aufstellung anwenden?

Nach welchem Rechenansatz würden Sie die Ausbeute an Äthanol und an Kohlendioxid bei der Vergärung von 100 g Glucose berechnen, wenn wir annehmen, daß sie ausschließlich nach der Gleichung $C_6H_{12}O_6 \rightarrow 2\,C_2H_5OH + 2\,CO_2$, also ohne glucoseverbrauchende Nebenreaktionen, erfolgt?

Wirken Salzbindungen (heteropolare Bindungen) auch nur von einem Atom zum anderen wie die kovalenten Bindungen?

Warum kann sich ein Kristallgitter, z. B. aus NaCl, aufbauen? — Welche Formel anstelle der eben gebrauchten müßte man dem Kochsalz streng genommen geben?

Nennen Sie einige Beispiele für Riesenmolekeln, d. h. für solche, deren Molekelaufbau „makromolekular" ist.

Ist es bereits gelungen, einfache Eiweißkörper und Zusammengesetzte „makromolekulare" Stoffe, z. B. Viruspartikel, zu kristallisieren? — Haben Sie schon Bilder solcher Kristallisate gesehen, von welchen Stoffen, mit welchen Geräten photographiert und welche Struktureigentümlichkeiten sind Ihnen noch in Erinnerung?

Was verstehen wir unter dem Planckschen Wirkungsquantum und hat diese Größe Bedeutung für das Verständnis biochemischer Vorgänge?

Das hängt auch mit der Frage zusammen, welche Bedeutung die Photosynthese für die gesamte biologische Existenz auf dieser Erde hat. — Wissen Sie, was ein photoelektrischer Effekt ist? — In vielen Meßgeräten, die Sie später in Forschung und Klinik verwenden, sind „Photozellen" enthalten!

Schreiben Sie die Neutralisation der Schwefelsäure mit Natronlauge unter Berücksichtigung a) des Äquivalentbegriffs und b) des Vorhandenseins von Ionen im Reaktionsgemisch auf.

Auf welche Weise entsteht Ihrer Meinung nach Ozon in den höheren Schichten der Atomsphäre?

Obgleich eine kovalente Bindung nur zwischen zwei benachbarten Atomen besteht, gibt es doch zwischen Molekülen schwache Attraktionskräfte. Wie bezeichnet man sie?

Sie wollen 2,5 Liter Wasserstoff herstellen. Wieviel Gramm Zink müssen Sie in Salzsäure lösen?

Zuerst Reaktionsgleichung, dann überlegen, welche Gesetze Sie hierbei anzuwenden haben.

Was verstehen wir unter London-van der Waals-Kräften und durch welche Maßnahme kann man sie vermindern?

Gibt es außer der ausgesprochen heteropolaren und der ausgesprochen homöopolaren Bindung noch eine dritte Möglichkeit, eine Art Überlagerung der beiden und wie nennt man sie?

Aus 22,5 g Ammoniumsulfat können Sie mit Natronlauge im Überschuß wieviel Gramm und wieviel Liter Ammoniak unter Normalbedingungen gewinnen, wenn die Ausbeute 98% beträgt?

Zuerst qualitative Reaktionsgleichung, dann quantifizieren, dann die spezifizierenden bzw. korrigierenden Rechengrößen.

Was verstehen wir unter einer polarisierten Bindung?

Handelt es sich hierbei um die Bildung einer echten freien Ladung? — Welcher der beiden Bindungspartner besitzt dann eine höhere Elektronendichte? — Wie symbolisiert man eine solche polarisierte Bindung?

Welche Verbindungsklasse ist durch Vorherrschen der koordinativen Bindung charakterisiert?

Was verstehen wir unter diesem Bindungstyp? — Nennen Sie einige Beispiele von anorganischen und organischen bzw. gemischten Verbindungen dieser Klasse.

Berechnen Sie das Molekulargewicht von $Na_2CO_3 \cdot 7\,H_2O$ und den Wassergehalt in Gewichtsprozenten.

Sind Sie davon überzeugt, daß Wasserstoff, Deuterium und Tritium die gleichen chemischen Eigenschaften aufweisen?

Warum hat Wasserstoff das Atomgewicht 1,008, Sauerstoff 16,00, Kohlenstoff 12,01 und Chlor 35,45?

Wieviel Elektronen besitzt das Quecksilberatom und warum berechnet man seine Masse nur aus den Massen seiner Protonen und Neutronen?

Ein Blick auf das Periodensystem der Elemente und in die Atomgewichtstabelle mag zur Beantwortung des ersten Fragenteiles beitragen. Zum zweiten Teil überlegen Sie, wie sich die Massen von Protonen bzw. Neutronen und von Elektronen voneinander unterscheiden.

Sie sollen aus einer 15,7%igen Kochsalzlösung eine 0,9%ige herstellen. Wie gehen Sie vor?

Warum sitzen die sogenannten Valenzelektronen stets auf den äußeren Schalen und warum könnte nicht auch ein Elektron auf einer inneren Schale den Elektronenverband verlassen und so zur Bildung eines positiv geladenen Ions führen?

Wieviele Elektronen weisen die Edelgase auf den äußeren Energieniveaus auf?

Was ist hierzu vom energetischen Gesichtspunkt aus zu sagen? — Spielt diese besondere Elektronenanordnung außer für die Edelgase auch noch für andere Atomanordnungen eine Rolle?

Wann bezeichnet man Elemente als elektronegativ oder elektropositiv?

Beschreiben Sie auch die von *Linus Pauling* aufgestellte Anordnung der Elemente nach ihren Elektronegativitäten. — Besteht eine Beziehung zwischen diesem System und dem Periodensystem der Elemente?

Wenn Sie 3,2 g metallisches Natrium auf Wasser werfen, wieviel Liter Wasserstoff entwickeln sich hierbei (unter Normalbedingungen), wie schwer ist die Wasserstoffmenge und wieviele Moleküle enthält sie?

Wieviel Milliliter einer 2 n Salzsäure benötigen Sie zur Neutralisation von 7,6 g Natriumhydroxid?

An welcher Stelle des Elektronegativitätssystems der Elemente steht Wasserstoff, als einziges Element der ersten Periode?
   Warum übrigens „als einziges Element der ersten Periode"? Helium gehört doch auch zur ersten Gruppe. — Also müßte sich Wasserstoff sowohl elektropositiv als auch elektronegativ verhalten! — Welche Ionen entstehen, wenn ein Wasserstoffatom ein Elektron abgibt oder aufnimmt? Im letzteren Falle entsteht was für eine Elektronenkonfiguration?

In welcher Grammenge Natriumdihydrogenphosphat sind 3,2 Val Phosphationen enthalten?

Welche Elemente der zweiten Periode sind am elektronegativsten und welche am elektropositivsten?

Suchen Sie im Elektronegativitätssystem der Elemente diejenigen auf, aus denen sich die organischen und damit auch die biochemisch wichtigsten Verbindungen zusammensetzen und beschreiben Sie deren Bindungscharakteristiken anhand ihres Elektronegativitätsgrades.
   Hier nimmt der Kohlenstoff eine „bevorzugte Mittelstellung" ein. — Aber auch Stickstoff und Sauerstoff ergeben wichtige Aspekte.

Wieviel Kilogramm Phosphat enthält das menschliche Skelet, wenn dessen durchschnittliche Masse 11 kg beträgt und der Gehalt an Calciumphosphat $Ca_3(PO_4)_2$ 58% beträgt?

Welches sind die Elemente der s^1-Hauptgruppe und der $s^2 p^5$-Hauptgruppe?
   Bei einigem Nachdenken dürften Sie die gefragten Elemente, auch ohne einen Blick ins Periodensystem zu werfen, auffinden.

Bei der Titration von 20 ml Magensaft werden 58 ml 0,1 n NaOH verbraucht. Wie groß ist die Normalität des Magensaftes an Salzsäure?

Wie kann man Wasserstoff in „statu nascendi" herstellen und durch welche chemische Reaktion kann man ihn nachweisen?
   Die letztere beruht darauf, daß Wasserstoff entsprechend seiner Stellung im Elektronegativitätssystem leicht Elektronen abgibt. Welche chemische Eigenschaft besitzt daher der nascierende Wasserstoff? Sie verwenden am besten eine Substanz, die in wäßriger Lösung Elektronen aufnimmt und hierdurch ihre Farbe ändert. — Nennen Sie eine anorganische und eine organische Substanz, die sich hierzu gut eignen.

Was verstehen wir unter isotherm und isobar, in bezug auf chemische Reaktionen, und sind gerade diese Begriffe für das Verständnis biochemischer Abläufe von besonderer Bedeutung?

Welche Temperatur und welcher Druck herrschen gerade bei der letzteren im allgemeinen vor?

Wasserstoff besitzt eine mittlere Elektronegativität. Kann er aus diesem Grunde mit elektropositiven Elementen Salze bilden und welche kennen Sie?

Wie verhält sich Wasserstoff mit mittlerer Elektronegativität gegenüber Kohlenstoff mit ebenfalls mittlerer Elektronegativität?

Erläutern Sie anhand einer Skizze die Wirkungsweise des Daniell-Elementes.

Schreiben Sie aber auch die Ionengleichungen der in ihm ablaufenden Reaktionen auf. — Welches ist die „Triebkraft", die diese Reaktionen in Gang setzt? — Deren Meßgröße?

An welchem Versuchssystem kann man die maximale Arbeit A_{max} eines chemischen Systems demonstrieren und verständlich machen?

Unter welchen Versuchsbedingungen erhält man überhaupt den Höchstbetrag A_{max}? Wenn die Reaktion fortschreitet, was beobachtet man dann? — Welche Aussage läßt sich aus A_{max} machen?

Auf welche Weise kann man leicht nachweisen, daß eine wäßrige, verdünnte Salzsäurelösung $H_3O^{\oplus}$-Ionen enthält?

Was beobachten Sie, wenn Sie ein kleines Stückchen metallisches Natrium in ein mit Wasser gefülltes Becherglas werfen?

Zuerst beschreiben Sie, was Sie beobachten und dann erklären Sie den Vorgang chemisch, und zwar unter Erläuterung des Elektronentransfers: Zweistufenreaktion.

Was verstehen wir unter der Freien Energie bzw. der Freien Enthalpie ΔG?

Besteht eine Beziehung zwischen ΔG und A_{max} eines chemischen Systems? Welche Parameter müssen konstant gehalten werden, oder umgekehrt, welche Parameter beeinflussen ΔG bzw. A_{max}?

Was beschreiben wir als Knallgasprobe und wie führen wir sie durch?

Was ist Knallgas? — Wie kann man es im Reagensglas herstellen? — Warum reagiert Wasserstoff mit Luftsauerstoff beim Entzünden so überaus heftig?

Welches sind die Elemente der I. Hauptgruppe des Periodensystems und durch was für ein Orbitalsymbol charakterisiert man sie?

Sie prägen sich auch die jeweils vorher stehenden Edelgase ein. — Was entsteht, wenn diese Metalle ein Elektron abgeben? — Was für eine Konfiguration haben dann die verbleibenden Elektronen? — Überwiegt bei diesen Elementen der elektropositive oder der elektronegative Charakter? — Wirken diese Metalle reduzierend oder oxydierend? — Welche Metalle geben ihre Elektronen des obersten Niveaus leichter ab, die oberen oder die unteren in der Vertikalskala des Periodensystems?

Reagiert Kalium heftiger mit Wasser als Natrium und warum?

Wie ändert sich die Freie Enthalpie eines Stoffsystems bei einer freiwillig ablaufenden chemischen Reaktion?
Zunächst: was bezeichnen wir mit „exergonisch" und „endergonisch"? — Können Sie zur Erläuterung der Hauptfrage ein Diagramm aufzeichnen?

Mit welchem Reagens kann man auf Vorhandensein von Natriumionen in einer wäßrigen Lösung prüfen?
Außer diesem chemischen Nachweis, der auf einer Fällungsreaktion beruht, gibt es noch ein leicht durchzuführendes physikalisches Verfahren zum Na-Nachweis. Welches ist das?

Welche Beziehung besteht zwischen der Reaktionswärme (Enthalpieänderung) und der Freien Enthalpie ΔG einer exothermen und einer endothermen chemischen Reaktion?

Welches einwertige Kation weist man in angesäuerter Lösung mit Magnesiumuranylacetat und welches mit Perchlorsäure nach?

Wie färbt sich die nichtleuchtende Bunsenbrennerflamme durch Natrium und durch Kalium, und wie erklären Sie diese Erscheinung?
Handelt es sich hierbei um ein chemisches oder ein physikalisches Phänomen? — Durch welche Hilfsmaßnahme kann man die Flammenfärbung durch Kalium trotzdem beobachten, auch wenn sie durch die durch Natrium hervorgerufene stärkere Färbung überdeckt ist?

Wozu wendet man Kobaltglas an?
Erklären Sie die Filterwirkung dieses tiefblau gefärbten Glases, d. h. welche spektrale Emmissionslinie wird durch dieses Glas herausgefiltert?

Das gemeinsame Charakteristikum der Elemente der II. Hauptgruppe des Periodensystems? Durch welches Orbitalsymbol werden sie bezeichnet und welche gehören dazu?
Wieviel Außenelektronen besitzen sie? — Geben sie dieselben leicht oder schwer oder auch einzeln bzw. nur gemeinsam ab? — Welche Ladung besitzen die dabei entstehenden Ionen? — Welche Edelgaskonfigurationen liegen dann vor? — Wirken die Elemente dieser Gruppe oxydierend oder reduzierend?

Welche Löslichkeitseigenschaften weisen die Hydroxide, die Carbonate und die Sulfate der Elemente der II. Hauptgruppe des Periodensystems auf, wenn man sie in Richtung zunehmender Ordnungszahl anordnet?

Nennen Sie alle Elemente, die mit dem Orbitalsymbol s^2 charakterisiert werden.

Zu welcher Hauptgruppe gehören sie? — Besitzen die zu dieser Hauptgruppe gehörenden Elemente der 2. bis 7. Periode analoge Eigenschaften wie dasjenige der 1. Periode?

Was verstehen wir unter Reaktionsentropie und welche Beziehung besteht zur Änderung der Freien Enthalpie?

Es fehlt noch eine Größe!

Gibt man in wäßrige Lösung von Bariumhydroxid (Barytwasser) tropfenweise eine konzentrierte wäßrige Lösung von Magnesiumchlorid, so fällt farbloses Magnesiumhydroxid aus. Warum?

Was wissen Sie über die Löslichkeiten der Hydroxide von Ra — Ba — Sr — Ca — Mg — Be? — Und nennen sie die Namen der mit diesen Symbolen belegten Elemente. — Jetzt schreiben Sie auch die Formeln von Bariumhydroxid und von Magnesiumhydroxid auf.

Versetzt man eine wäßrige Lösung von Calciumsulfat (Gips) mit einer Lösung von Bariumchlorid, dann fällt ein weißer Niederschlag von Bariumsulfat aus. Warum?

Was wissen Sie über die Löslichkeiten der Sulfate von Be — Mg — Ca — Sr — Ba — Ra, nehmen sie in dieser Reihenfolge zu oder ab? — Schreiben Sie Summen- und Strukturformeln von Calciumsulfat und Bariumsulfat auf.

Warum fällt neben Magnesiumcarbonat auch Magnesiumhydroxid aus, wenn man zu einer Lösung von Magnesiumchlorid tropfenweise eine Natriumcarbonatlösung zusetzt?

Formulieren Sie die beiden Reaktionsgleichungen: Bildung des Carbonats und des Hydroxids. — Was bezeichnen wir als eine doppelte Umsetzung? — Was ist die Ursache dafür, daß überhaupt ein Niederschlag bei diesen Umsetzungen entsteht?

Erläutern Sie die Beziehung $\Delta G = \Delta H - T \Delta S$!

Blasen Sie in eine gesättigte, klare Lösung von Calciumhydroxid Atemluft ein, so entsteht mit der Zeit eine Fällung. Welche Substanz ist das? Blasen Sie noch weiter ein, so löst er sich wieder auf. Warum?

Formulieren Sie die Reaktionen.

Was verstehen wir unter der Härte des Wassers, welche Substanzen sind dafür verantwortlich?

Permanente Härte. — Temporäre Härte. — Wie kann man die eine und wie die andere entfernen? — Was ist Kesselstein und wie entsteht er?

Auf welche Weise können Sie einen kristallinen Niederschlag von Magnesiumammoniumphosphat herstellen und damit Mg^{2+} nachweisen?
Typische „Sargdeckel"-Form dieser Kristalle!

Zum spezifischen Nachweis von Ca^{2+} kann sein Salz einer organischen Säure verwendet werden. Welche ist das, wie führt man die Probe durch und durch welche anschließenden Proben können Sie diesen Nachweis sichern?
Unlöslichkeit des Niederschlags in einer mittelstarken organischen Säure und Löslichkeit in starken Mineralsäuren (mit Ausnahme der Schwefelsäure; warum wird man diese nicht verwenden?).

Kennen Sie einen spezifischen Nachweis für Ba^{2+}?
Gelber Niederschlag als Ergebnis der Salzbildung mit einer Metallsäure.

Welche Flammenfärbungen geben Ca^{2+}, Sr^{2+} und Ba^{2+}?
Salze dieser Erdalkaliionen werden zur Herstellung von „bengalischem Feuerwerk" verwendet.

Was bezeichnen wir als Reaktionsgeschwindigkeit einer freiwillig ablaufenden chemischen Reaktion?
Wodurch wird überhaupt eine chemische Reaktion ausgelöst, was muß sich in den Molekülen der miteinander reagierenden Stoffe abspielen? — Definition der Reaktionsgeschwindigkeit. — Dimension derselben.

Nennen Sie alle Elemente, die mit dem Orbitalsymbol $s^2\,p^1$ charakterisiert werden.

Welche Reaktionen verlaufen schneller, diejenigen zwischen Ionen oder diejenigen zwischen Molekeln mit vorwiegend kovalenten Bindungen?
Welche Umstände sind für „schnell" oder „langsam" von chemischen Reaktionen maßgebend?

Was bezeichnen wir als Aktivierungsenergie und wie ist die Geschwindigkeit einer chemischen Reaktion von dieser Größe abhängig?
Dies können Sie anhand eines Diagramms gut erläutern! — Sie gebrauchen hierbei aber auch Ausdrücke wie „kinetische Energie" (setzt sich aus welchen Formen zusammen?) — Geschwindigkeitsverteilungsgesetz nach *Maxwell-Boltzmann*. — Überschreitung eines kritischen Wertes des Energiehaushalts des Systems (was ist das?).

Welches sind die Elemente der III. Hauptgruppe des Periodensystems und durch welches Orbitalsymbol charakterisiert man sie?
Ist der Metallcharakter dieser Elemente noch stark ausgeprägt? — Was bezeichnen wir überhaupt als „Metallcharakter"? — Nimmt der Metallcharakter mit steigendem Atomvolumen zu oder ab?

Formulieren Sie das Dissoziationsverhalten der Hydroxide der Erdmetalle, wobei Sie hierfür das allgemeine Symbol X verwenden.

Welche Elemente nennen wir Erdmetalle, zu welcher Hauptgruppe gehören sie und welches Orbitalsymbol charakterisiert sie? — Dann die beiden Dissoziationsgleichungen, ausgehend von $X-\overline{O}-H$. — Was sind Ampholyte?

Welcher Lehrsatz gibt die Beziehung zwischen der Reaktionsgeschwindigkeit $[Mol \cdot min^{-1}]$ und der Aktivierungsenergie $[kcal \cdot Mol^{-1}]$ wieder?

Sie bemerken: die Dimensionen in den eckigen Klammern besagen, daß es sich im ersteren Falle um eine kinetische Größe, im letzteren Falle um eine energetische Größe handelt! — Quantitativer Ausdruck für diese Gesetzmäßigkeit!

Ist $B(OH)_3$ eine schwache Säure oder eine schwache Base?

Was besagt der Ausdruck $k = Z \cdot e^{-\frac{\Delta H\,a}{R\,T}}$?

Welche Brutto- und Strukturformel hat Natriumtetraborat?

Von welcher hypothetischen Säure leitet sich dieses Na-Salz ab? — Wieviel Mole Kristallwasser enthält es? — Wie lautet sein Trivialname? — Versetzen Sie die wäßrige Lösung dieses Salzes mit einigen Tropfen konz. HCl, so fällt Borsäure aus. Welche Formel hat Borsäure? — Wie entsteht Borsäure aus der hypothetischen Tetraborsäure? — Und nun formulieren Sie den Gesamtvorgang als Reaktionsgleichung.

Wie interpretieren Sie die folgende Beziehung:

$$X^{\oplus} + |\overline{O}-H^{\ominus} \overset{(a)}{\rightleftarrows} X-\overline{O}-H \overset{(b)}{\rightleftarrows} X-\overline{O}|^{\ominus} + H^{\oplus}?$$

Welche Verbindungen können in ihrem Verhalten einerseits durch (a), andererseits durch (b) charakterisiert werden und durch welche Elementsymbole ist X zu ersetzen?

Welche Beziehungen bestehen zwischen Reaktionsgeschwindigkeit und Temperatur?

Wie heißt die Regel, die diese Beziehung wiedergibt?

Lösen sich Aluminiumgranula in verdünnter Salzsäure auf, was beobachten Sie und wie formulieren Sie diesen Vorgang?

Was besagt die Van't Hoffsche RGT-Regel?

Formulieren Sie sie als Quotient (zwischen welchen Größen?) — Ist er für biochemische Vorgänge von Bedeutung?

Wie gewinnen Sie einen Niederschlag von Aluminiumhydroxid und wie weisen Sie nach, daß sich diese Substanz sowohl als Säure als auch als Base verhält?

Formulieren Sie die drei Reaktionen als vollständige Reaktionsgleichungen.

Auf welche Weise stellen Sie die Verbindung $Na_3[Al(OH)_6]$ her und welche chemischen Eigenschaften besitzt sie?

Wie ist die exakte Bezeichnung von $[Al(OH)_6]^{3\ominus}$?

In welcher Weise hängt die Reaktionsgeschwindigkeit von der Konzentration der Reaktantien ab?

Stellen Sie in einem übersichtlichen vereinfachten Schema alle Eigenschaften des Aluminiumhydroxids zusammen, die seine Ampholytnatur beweisen.

In Abhängigkeit von der Wasserstoffionenaktivität des wäßrigen Milieus.

Welches sind die Elemente der IV. Hauptgruppe des Periodensystems und durch was für ein Orbitalsymbol sind sie charakterisiert?

Formulieren Sie die Gesetzmäßigkeit, der die Geschwindigkeit einer Reaktion 1. Ordnung gehorcht.

Zeichnen Sie auch eine Kurve, die die Abhängigkeit der Konzentration von der Zeit wiedergibt, und zwar a) als Verbrauchsverlauf und b) als Bildungsverlauf. Wie ändert sich (eingezeichnet) $d[A]/dt$ bzw. $d[B]/dt$? — Zeichnen Sie die Verlaufskurve auch im logarithmischen Maßstab ein.

Integrieren Sie die Gleichung für die Reaktionsgeschwindigkeit 1. Ordnung.

Schließlich erhalten Sie eine e-Funktion. Und nun logarithmieren Sie die Integralgleichung.

Nennen Sie alle Elemente, die durch das Orbitalsymbol $s^2 p^2$ charakterisiert werden.

Was besagt die Gleichung $\log c = \log c_0 - \dfrac{k}{2,3} \cdot t$?

Sie können sie am besten graphisch erläutern. — Wie formen Sie die Gleichung um, damit Sie k berechnen können? — Welche Dimension besitzt k?

Schreiben Sie die Elemente der IV. Hauptgruppe des Periodensystems untereinander und erläutern Sie an dieser Reihe die Änderung des Metallcharakters und des Basencharakters der Hydroxide.

Ist Kohlenstoff ein Metall oder ein Nichtmetall? — Ist Blei ein Metall oder ein Nichtmetall? — Aber Graphit leitet doch den elektrischen Strom wie Blei!

Geben Sie die Formel zur Berechnung der Halbwertszeit einer Reaktion 1. Ordnung an.

Klassisches Beispiel: radioaktiver Zerfall. Ist er temperaturabhängig, und ist er eine „chemische Reaktion“?

Beschreiben Sie noch einmal alle Eigenschaften des Kohlenstoffs, die ihn dazu prädestinieren, Baustein „organischer" Verbindungen zu sein.

Welcher Bindungstyp herrscht bei den organischen Verbindungen vor? — Reaktionsfähigkeit organischer Verbindungen? — Bindungen zwischen Kohlenstoff und Heteroatomen? — Einfach- und Mehrfachbindungen. — Einfluß elektronegativer und elektropositiver Elemente auf die Elektronendichten.

Kennen Sie Beispiele dafür, daß dem Reaktionsmechanismus nach bimolekulare Reaktionen einem Reaktionsverlauf 1. Ordnung entsprechen?

Eigentlich sollte man streng zwischen der Reaktionsordnung und der „Molekularität" unterscheiden. Warum?

Bestehen Unterschiede in der Reaktionsfähigkeit von Alkanen und Silanen gegenüber Wasser?

Welche Bindungstypen bestehen bei beiden Verbindungsklassen?

Durch welchen Ausdruck läßt sich die Geschwindigkeit einer Reaktion doppelter Umsetzung wiedergeben?

Warum können wir im Hinblick auf Bindungsbesonderheiten in organischen Verbindungen dem Kohlenstoff als Element der IV. Hauptgruppe des Periodensystems neben dem Orbitalsymbol $2\,s^2\,p^2$ auch dasjenige $s\,p^3$ zuordnen?

Sind alle vier Elektronen energetisch gleichwertig oder verhalten sie sich so und wie nennt man dieses Phänomen?

Was ist eine Reaktion 2. Ordnung? Verläuft sie wie die Reaktion 1. Ordnung als eine e-Funktion?

Welchem Produkt ist sie proportional? — Schreiben Sie die Differentialgleichung hin und integrieren Sie sie.

Wie interpretieren Sie folgende Beziehung
$$H_4XO_4 = X(OH)_4 \xrightarrow[-H_2O]{} H_2XO_3 = XO(OH)_2 \xrightarrow[-H_2O]{} XO_2?$$

Sie trifft für Hydroxide welcher Hauptgruppenelemente zu? — Wie ändert sich deren Basizität mit zunehmendem Atomgewicht?

Zeichnen Sie das Tetraedermodell des Kohlenstoffs so auf, daß der Zustand der $s\,p^3$-Hybridisierung deutlich wird.

Wie groß ist der Valenzwinkel am C-Atom?

Was ist eine Reaktion Nullter Ordnung?

Steht ihre Geschwindigkeit in Beziehung zur zu jedem Zeitdifferential noch vorherrschenden Stoffkonzentration? — Formulierung!

Welche Eigenschaften charakterisieren die Begriffe monomer, dimer, trimer, oligomer, polymer und isomer?

Was verstehen wir unter σ-Bindungen und unter π-Bindungen in Kohlenstoffverbindungen?

Gibt es auch chemische Reaktionen, die nicht „bis zum Ende" ablaufen, d. h. mit unvollständiger Umsetzung der Ausgangsstoffe?

Sind Kohlendioxid und Siliciumdioxid beide monomer, also durch CO_2 und SiO_2 zu charakterisieren?

Was verstehen wir unter dem von *Guldberg* und *Waage* aufgestellten Massenwirkungsgesetz?
    Zwar chemisches, aber „dynamisches" Gleichgewicht! — Leiten Sie die Formel ab, und zwar für eine doppelte Umsetzung (Reaktion 2. Ordnung). — Beschreiben Sie den Reaktionsablauf für den Fall a) $K > 1$ und b) $K < 1$. — Durch welche Maßnahme kann man ein Gleichgewicht verschieben?

Inwieweit determiniert der Valenzwinkel des sp^3-hybridisierten C-Atoms die Struktur der Molekeln?
    Was ergibt sich daraus z. B. für eine Struktur des C_6-Alkans?

In welchen Wertigkeitsstufen kommen Zinn und Blei in ihren Verbindungen vor, welche dieser Stufen sind bei beiden bevorzugt?
    Sie wissen, daß es sich um die schwersten Elemente der IV. Hauptgruppe handelt.

Welche Größe hat die Änderung der Freien Enthalpie ΔG einer chemischen Reaktion im Gleichgewichtszustand?

Was verstehen wir unter Alkanen, Alkenen und Alkinen? Geben Sie repräsentative Beispiele aus den drei Gruppen und zeichnen Sie auch die vereinfachten Raumstrukturen dieser Verbindungen auf.

Die chemischen Namen und möglicherweise Formeln folgender mit Trivialnamen der Umgangssprache belegten Stoffe sollen Sie sich überlegen: Soda, Pottasche, Kalk, Gips, Baryt, Wasserglas, Mennige, Arsenik, Braunstein, Blutlaugensalz, Berliner Blau, Sublimat, Kalomel, Cyankali, Graphit, Ozon, Salmiak, Bleiweiß, Borax, Buna, Chlorkalk, Formalin, Glaubersalz, Hirschhornsalz, Höllenstein, Kalisalpeter, Kalkseife, Marmor, Kesselstein, Königswasser, Kreide, Lackmus, Steinsalz, Talkum, Weinstein, Zinnober, Kleesalz, Seignettesalz, Magnesia, Leuchtgas, Kieselgur.

Nennen Sie die allgemeine Bruttoformel der Alkane oder Paraffine und auch die Namen der ersten sechs Verbindungen.
    Bis zu welchem Alkan sind sie bei Raumtemperatur gasförmig? — Wo kommen die niederen gasförmigen Alkane hauptsächlich vor? — Dann Vorkommen der höheren flüssigen Alkane?

Wie hängt die Änderung der Freien Enthalpie einer chemischen Reaktion von den Konzentrationen der Reaktionspartner ab?

Verliert ein Kohlenwasserstoffrest ein Wasserstoffatom (hypothetisch), dann verbleibt ein Radikal, das wir mit der Endung -yl benennen. Nun sagen Sie die Radikale von Methan, Äthan, Propan, Butan, Octan, Decan, Dodecan, Eicosan und Tetracosan auf.

Beschreiben Sie die sich aus den Valenzwinkeln ergebenden Strukturbesonderheiten von Cycloalkanen mit 3 bis 8 C-Atomen.
    Wann „Ringspannung"? — Welcher Ring ist „eben"? — Von welcher C-Zahl ab besteht Ringfaltung?

Was beobachten Sie beim tropfenweisen Versetzen einer wäßrigen Natriumcarbonatlösung mit verdünnter Salzsäure?
    Reaktionsgleichung aufschreiben!

Was verstehen wir unter Strukturisomerie?
    Gibt es mehrere Monomethylpropane und Monomethylbutane? — Welche Summenformeln haben n-Butan und 2-Methylpropan? Sind trotz gleicher Summenformeln diese Verbindungen gleich strukturiert? — Wieviel Strukturisomere vom Hexan der Summenformel C_6H_{14}? Diese wollen Sie hinschreiben. — Wie lautet die allgemeine Summenformel der Paraffine?

Was ist ein Katalysator einer chemischen Reaktion?
    Beteiligt er sich aktiv an der Reaktion, oder bleibt er völlig inert? — Was bewirkt der Katalysator gegenüber dem chemischen System? — Wie war das mit der Aktivierungsenergie? — Erhöhen Katalysatoren die Reaktionsgeschwindigkeit? — Beschleunigen Katalysatoren die Einstellung des Gleichgewichts? — Hängt die Reaktionsbeschleunigung von Katalysatormenge, Temperatur, Wasserstoffionenaktivität und anderen Milieubedingungen ab? — Verschiebt ein Katalysator das Gleichgewicht? — Wird der Reaktionstyp durch einen Katalysator verändert bzw. determiniert? — Wird die Reaktionsspezifität durch einen Katalysator verändert bzw. determiniert?

Vermögen Alkane, Alkene und Alkine mit Bromwasser, Kaliumpermanganatlösung oder konz. Salpetersäure zu reagieren?
    Zunächst bei Raumtemperatur. — Wie bei höherer Temperatur?

Was beobachten Sie beim tropfenweisen Versetzen einer verdünnten Wasserglaslösung mit verdünnter Salzsäure?
    Was ist Wasserglas chemisch? — Reaktionsgleichung aufschreiben!

Was schließen Sie aus folgenden Daten
$$H_2O_2 \rightarrow H_2O + \tfrac{1}{2}O_2 - 23 \text{ kcal} \cdot \text{Mol}^{-1}$$

	ΔH_a	k
1. Spontanzerfall	$< 10^{-5}$	18
2. Anwesenheit von Pt	$\sim 10^{-2}$	12
3. Anwesenheit von Katalase	$\sim 10^6$	5,5

Kennen Sie ein allgemein anwendbares Verfahren zur Gewinnung höherer Alkane aus Derivaten niederer Verbindungen?
Historisch interessant ist die sogenannte Wurtzsche Synthese. Neuerdings verwendet man zu solchen reduzierenden Reaktionen gern Lithiumaluminiumhydrid $LiAlH_4$.

Auf welche Weise kann man Alkalimetalle unter Luft- und Feuchtigkeitsabschluß aufbewahren, und warum reagieren sie nicht mit dem Solvens?

Hat die Reaktion von Alkanen mit Sauerstoff bei höherer Temperatur irgendeine technische Bedeutung?

Formulieren Sie die Hydroxokomplexe von Zinn und Blei.
Wie stellt man diese Verbindungen her und welche Eigenschaften besitzen sie, d. h. insbesondere ihr Verhalten gegenüber Natronlauge und Salzsäure?

Formulieren Sie an einem einfachen Beispiel die Reaktion niederer Alkane mit Halogenen.
Welchen Mechanismus müssen Sie annehmen, wenn Sie diese Reaktion unter Lichteinstrahlung ablaufen lassen? — Entstehen solche Zwischenprodukte bei vielen organischen Reaktionen, kommt ihrer intermediären Bildung also allgemeine Bedeutung zu?

Was ist Autokatalyse?
(Definition während einer „Faschingsvorlesung": Ein Auto nach einem Ball. Es beschleunigt die Reaktion, ohne sich selbst daran zu beteiligen.)
Ernsthaft: Repräsentatives Beispiel ist die Oxydation von Oxalsäure durch Permanganat. Bitte formulieren.

Kann es neben der sp^3-Hybridisierung auch zu einer sp^2-Hybridisierung des C-Atoms kommen und bei welcher Verbindungsklasse besteht sie?
Zeichnen Sie das Raummodell für diese Hybridisierung hin. Wie sind die drei energetisch angeglichenen Elektronen geometrisch angeordnet, mit welchen Valenzwinkeln zueinander? — Welche Raumordnung der Molekel nach Eingehen der σ-Bindung?

Formulieren Sie die Eigenschaften von Zinn(II)-Verbindungen als Reduktionsmittel und von Blei(IV)-Verbindungen als Oxydationsmittel.

Wie ändert sich die Leitfähigkeit von reinem Wasser, wenn man ein Kriställchen Kochsalz darin löst?
Skizzieren Sie zunächst das Gerät zur Leitfähigkeitsmessung. — In welcher Maßeinheit gibt man die Leitfähigkeit einer Lösung an? — Was schließen Sie aus der Leitfähigkeitsänderung durch

Kochsalzzusatz zu reinem Wasser? — Würden Sie auch Leitfähigkeitsänderungen beobachten, wenn Sie anstelle des Kochsalzes Soda, Alanin, Rohrzucker, Äthanol, Phenol oder n-Butanol dem reinen Wasser zusetzten?

Unter welchen Molekelbedingungen können zwei p-Elektronen eine π-Bindung eingehen und was versteht man darunter?

Unterschiede in der räumlichen Lage von π-Bindungselektronen und σ-Bindungselektronen. — Können Sie es zeichnerisch darstellen? — Zu deutsch: die Raumstruktur der $C = C$-Doppelbindung! — Ist die Bindungsfähigkeit der π-Elektronen etwa so groß wie die der σ-Elektronen? Welche sind also für die Reaktivität der Doppelbindungssysteme verantwortlich zu machen? — Beschreiben Sie jetzt ausdrücklich, wie chemische Bindungen durch Überlappen von Elektronenorbitalen zustande kommen!

Was bezeichnen wir als Sol und was als Gel?

Repräsentative Beispiele!

Was verstehen wir unter dem ungesättigten Charakter von Doppelbindungssystemen und auf welcher Bindungsstruktur-Besonderheit beruht er?

Wie reagiert Zinn(II)-chlorid in verdünnter wäßriger Lösung mit Bromwasser, das man tropfenweise zugibt?

Wird Brom entfärbt? — Reaktionsgleichung aufschreiben!

Warum läßt sich ein lineares Doppelbindungssystem nicht um die Bindungsachse verdrillen?

Wie kann man die freie Drehbarkeit herstellen?

Formulieren Sie die Reaktion von Quecksilber(II)-acetat mit Zinn(II)-chlorid in wäßriger Lösung, zunächst in der Kälte und dann in der Wärme.

Also eine Zweistufenreaktion! — In welchen Wertigkeitsstufen kommt Zinn in seinen Verbindungen vor? — Ist es ein Reductans oder ein Oxydans? — In welchen Wertigkeitsstufen kommt Quecksilber in seinen Verbindungen vor und kann es aus diesen auch zum metallischen Quecksilber reduziert werden? — Woraus besteht der grauschwarze Niederschlag beim Durchführen der obigen Reaktion?

Formulieren Sie als repräsentatives Beispiel für Alkene das 1,3-Butadien und das Isopren.

Welchem von beiden kommt technische und welchem biochemische Bedeutung zu? — Suchen Sie im Lehrbuch die Strukturformel für β-Carotin auf und vergleichen Sie diese mit der von Ihnen niedergeschriebenen Strukturformel des Isoprens. — Kennen Sie noch andere Naturstoffe, in denen Sie die Molekeleinheit Isopren „aneinandergereiht" antreffen?

Was verstehen wir unter Elektrolytischer Dissoziation und wie kann man sie nachweisen?

Wie erklären Sie die Halogenaddition an ein Doppelbindungssystem molekularmechanisch?

Sind π-Elektronen „verschiebbar"? — Was sind Kryptoionen? — Was ist ein Carboniumion? — Wie kommt es also zur Addition zwischen Kryptoionen? — Können Sie auch einen Radikalmechanismus annehmen? — Was verstehen wir überhaupt unter Radikalen?

Welche Reaktion tritt ein, wenn Sie Blei(IV)-oxid nach Ansäuern mit verdünnter Schwefelsäure mit wäßriger Kaliumjodidlösung versetzen?

Das eine Reaktionsprodukt ist in einem organischen Solvens, z. B. Benzol, löslich. Formulieren Sie die Reaktion!

Alkene lassen sich durch HCl-Abspaltung aus Chloralkanen oder durch H_2O-Abspaltung aus Hydroxyalkanen darstellen. Wie verlaufen die beiden Reaktionsmechanismen?

Liegt bei beiden Reaktionen nur ein einziger Reaktionsschritt oder liegen deren mehrere vor?

Beschreiben Sie die einzelnen Schritte unter Erläuterung der Elektronenverteilungen bei der Gleichgewichtseinstellung zwischen einem Alken und einem Hydroxyalkan.

Wählen Sie hierfür ein biochemisches Beispiel: Fumarsäure $\rightleftharpoons$ Äpfelsäure. Hierbei vernachlässigen Sie, daß diese Reaktion durch ein Enzym (Fumarathydratase) katalysiert wird, berücksichtigen aber, daß die Gleichgewichtslage von den Konzentrationen eines der Reaktionspartner und von Wasser abhängt, das ja an dieser Reaktion beteiligt ist. — Tritt zwischendurch ein Carboniumion auf?

Neben der $s\,p^3$- und der $s\,p^2$-Hybridisierung kennen wir vom C-Atom auch eine $s\,p$-Hybridisierung. Wie ist die räumliche Anordnung des C-Atoms in diesem Zustand?

Und bei welchen Bindungsarten besteht sie?

Bringen Sie Propen mit Chlor zur Reaktion, an welchem C-Atom des entstehenden Chloralkans finden Sie dann das Chlor in kovalenter Bindung?

Wären nicht zwei Isomere, das 1-Chlorpropan und das 2-Chlorpropan theoretisch möglich?

Wie sind Formel und Trivialname von Plumboorthoplumbat?

Es bildet sich aus der schwachen Bleisäure (Formel) und der schwachen Bleibase (Formel) als Salz. Ampholytnatur?

Warum ist Wasser als Lösungsmittel für Elektrolyte besonders geeignet?

Welche seiner Eigenschaften prädestinieren es hierfür: eine inhärente Stoffeigenschaft und eine Bindungseigenschaft!

Sie erinnern sich an die Säure-Base-Theorie nach *Brönsted*. Übertragen wir sie verallgemeinernd, dann treffen wir auf eine Definition von *Lewis*. Was verstehen wir in der organischen Chemie unter einer Lewis-Säure und einer Lewis-Base?

Zeichnen Sie das Raummodell einer $C \equiv C$-Dreifachbindung auf.

Formel, Bildungsweise und Farbe von Zinn(II)-sulfid und von Blei(II)-sulfid.

Formulieren Sie die Umsetzung eines Alkens mit Ozon.
> Die Ozonspaltung ist ein viel angewandtes Verfahren zum Konstitutionsbeweis von ungesättigten Verbindungen.

Inwiefern schwächt das Lösungsmittel Wasser die zwischen entgegengesetzt geladenen Ionen bestehenden elektrostatischen Anziehungskräfte ab?
> Eine Meßgröße des Wassers, deren numerischer Wert 80 beträgt (Dimension?) und ein Gesetz kommen hier zum Zuge!

Formulieren Sie die Bildung von Acetylen (Äthin) aus Calciumcarbid sowie die Reaktion des Gases mit Brom in Wasser.
> Welcher Elektronenbindungstyp wird angegriffen und welcher bleibt bestehen?

Glauben oder wissen Sie, daß Alkine auch in der Natur vorkommen?
> In der Tat! — Eine der einfachsten natürlichen Verbindungen ist Acetylendicarboxamid, eine von einem Pilz erzeugte Verbindung mit stark zellwuchshemmender Wirkung. Wie würden Sie die Konstitution dieser Verbindung, die Sie aus dem Namen leicht entwickeln können, nachweisen? — Auch ein anderes pflanzliches Produkt, das Trideka-1-en-3,5,7,9,11-pentain können Sie jetzt leicht formulieren.

Was verstehen wir unter Ionenhydratation und wie können Sie unter deren Berücksichtigung das In-Lösung-gehen von Natriumchlorid formulieren?
> Ist Hydratation mit Wärmetönung verbunden? — Beobachtet man beim Auflösen von Elektrolyten Erwärmung oder Abkühlung der Lösungen?

Das aliphatische konjugierte Doppelbindungssystem weist einige Bindungs- und damit auch Reaktionseigentümlichkeiten auf, die Sie bitte beschreiben wollen.
> Es treten also mehrere s p^2-hybridisierte C-Atome in einem Molekül in Konjugation zueinander. Können Sie dies hinzeichnen? — Wir sprechen von einer Elektronenwolke der vier π-Elektronen. Wie ist sie angeordnet? — Wie kann die Ladungsdichte der Elek-

tronen in dieser Wolke beeinflußt werden, d. h. sind auch in diesem Bindungssystem die π-Elektronen im Gegensatz zu den σ-Elektronen delokalisierbar? — Was hat das für Folgen in bezug auf die Reaktionsfähigkeit?

Wie erklären Sie die 1,4-Addition von Brom an 1,3-Butadien?
Anhand der Elektronpolarisierung im konjugierten Doppelbindungssystem und kryptoionischen Reaktionen!

Wir haben schon nach dem Isopren gefragt und „Isopreneinheiten" auch in Naturstoffen angetroffen. Können Sie einen Reaktionstyp aufzeichnen, nach dem sich Isopren- (und auch Butadien-)Moleküle miteinander verbinden und ein Molekül unbestimmter Kettenlänge entsteht?
Wie nennen wir den Reaktionstyp und die Stoffklasse? Und was für Produkte entstehen hierbei? — Ein neuerdings viel gebrauchtes technisches Produkt ist aus Äthylen entstehendes Polyäthylen.

Welches sind die Elemente der V. Hauptgruppe des Periodensystems und durch was für ein Orbitalsymbol sind sie charakterisiert?

Am Benzol, der Stammsubstanz der „aromatischen" Verbindungen, wollen Sie bitte die Besonderheit der sp^2-Hybridisierung der 6 C-Atome in konjugierter Anordnung erläutern.
Anhand einer anschaulichen Skizze! — Es besteht also ein gemeinsames π-Elektronensextett. — Wie wirkt sich diese Ladungsverteilung energetisch aus? Die räumliche Lage der Benzolmolekel im Vergleich zu der des Cyclohexans? — Besteht Ringspannung?

Was verstehen wir unter Hydratationsenergie, Gitterenergie und Lösungswärme, und welche Beziehungen bestehen zwischen ihnen?

Formulieren Sie von der Benzolformel ausgehend, folgende aromatischen carbocyclischen Derivate: Methylbenzol (Toluol), 1,2-Dimethylbenzol (o-Xylol), 1,3-Dimethylbenzol (m-Xylol), 1,4-Dimethylbenzol (p-Xylol), 2-Phenylpropan.
Was bedeuten die Zahlen 1,2-, 1,3-, 1,4-?

Wenn Sie Brom in Benzol eintragen, so tritt zunächst keine Additionsreaktion ein. Geben Sie noch einige Eisenfeilspäne hinzu, dann geht es unter Gasentwicklung los. Das entweichende Gas ist Bromwasserstoff. Formulieren Sie die Reaktion.
Sie müssen sich überlegen, daß die π-Elektronenwolke polarisiert werden muß. Dies geschieht durch energiereiche Kationen. Wie reagiert zunächst Brom mit Eisen? Es reagiert in einem interessanten Kreisprozeß! — In welchem resonanzstabilisierten Gleichgewicht stehen die beiden extremen Molekelformen des Brombenzols miteinander? — Wird überhaupt eine Doppelbindung unter Addition eines Bromidanions aufgehoben? — Wird die Konjugation der

6 π-Elektronen unterbrochen und damit der aromatische Charakter aufgehoben? — Wenn Sie sich jetzt überlegen, wie nach kurzzeitiger Unterbrechung dieses Zustandes der aromatische Ausgangszustand wiederhergestellt wird, dann haben Sie das Prinzip der elektrophilen Substitution an aromatischen Struktursystemen verstanden.

Nennen Sie alle Elemente, die durch das Orbitalsymbol $s^2 p^3$ charakterisiert werden.

Formulieren Sie die Substitutionsreaktionen a) Benzol mit Methylbromid unter Katalyse von Aluminiumbromid, b) Benzol mit Brom unter Katalyse von Eisenbromid, c) Toluol mit Salpetersäure unter Katalyse von konzentrierter Schwefelsäure.

Das unter c) entstehende Reaktionsprodukt nennt man abgekürzt TNT und hat ganz besondere Eigenschaften (übrigens: den zur Zeit auf der ganzen Welt vorhandenen Atombombenvorrat schätzt man auf 45 Milliarden Tonnen TNT-Äquivalenten!).

Wiederholen Sie das Prinzip der elektrophilen Substitution an aromatischen Struktursystemen.

Es ist gleichgültig, welches Beispiel Sie wählen! Das der Halogenierung von Benzol kennen Sie ja schon. Wie erfolgt eigentlich die Nitrierung von Benzol zu Nitrobenzol? Welches Kation reagiert beim ersten und welches beim zweiten Beispiel?

Auf welche Weise erreicht Stickstoff, als elektronegativstes Element der V. Hauptgruppe des Periodensystems, die Oktettbesetzung seiner äußeren Elektronenschale?

D. h. welche Art von Bindung kann es mit seinen Reaktionspartnern eingehen?

Welches sind die charakteristischsten Unterschiede zwischen den aliphatischen Alkenen und Benzol?

Formulieren Sie die chemische Reaktion des Einleitens von gasförmigem Chlorwasserstoff in Wasser.

Ionenbildung — Hydratisierung.

Zeichnen Sie die Elektronenpolarisationen in folgende Bindungssysteme ein:

$$-\overset{|}{\underset{|}{C}}\text{-Metall};\quad -\overset{|}{\underset{|}{C}}-N\,;\quad -\overset{|}{\underset{|}{C}}-O-\,;\quad {>}C=O;\quad -\overset{|}{\underset{|}{C}}\text{-Halogen}.$$

Wirkt sich insbesondere bei dem System $-\overset{|}{\underset{|}{C}}-O-$ die Polarisation bei der relativ stabilen σ-Einfachbindung schon stark aus? — Sind beim System ${>}C=O$ neben den σ-Elektronen die π-Elektronen leichter verschiebbar und wie wirkt sich dies aus?

Kann Ammoniak in wäßriger Lösung unter Bildung von Hydridionen oder unter Protonenabgabe als Säure reagieren?
Wie ist der Elektronegativitätscharakter des Stickstoffs ? — Welches Verhalten zeigt es also in wäßriger Lösung?

Vergleichen Sie die „kondensierten" aromatischen Ringsysteme Naphthalin, Anthracen und Phenanthren miteinander.
Was ist der Strukturunterschied zwischen Naphthalin und Biphenyl? — Könnte man formal Anthracen und Phenanthren nicht als „Benznaphthalin" auffassen? Man gebraucht aber lieber die Trivialnamen. Vom Anthracen gibt es aber ein Benzanthracenderivat, das 10-Methyl-1,2-benzanthracen, das wegen seiner starken krebserzeugenden Wirkung erwähnt sei. Finden Sie sich in der Numerierung dieses Ringsystems zurecht?

Wie groß ist der Valenzwinkel der Sauerstoffatome und hat er Bedeutung für die Raumstruktur organischer Hydroxylverbindungen?
Zeichnen Sie die Raumanordnung einer Verbindung $R-O-H$ auf der Fläche hin und daneben die der Wassermolekel. Sind Wasserstoffbrückenbindungen zwischen je zwei Molekeln möglich? — Sind diese etwa für die hohen Siedepunkte und die größere Löslichkeit der OH-Derivate im Vergleich zu den Grundkohlenwasserstoffen (z. B. Alkanen) verantwortlich zu machen?

Formulieren Sie Bildung und Raumstruktur des Ammoniumions.
Durch welche Eigenschaft ist NH_3 befähigt, ein Proton aufzunehmen und ein stabiles NH_4^+ zu bilden? — Wie reagiert Ammoniak gegenüber pH-Indikatoren?

Was ist $H_3O^\oplus$ und wie entsteht es a) in reinem Wasser, b) beim Eintragen von HCl, H_2SO_4 oder NaOH in reines Wasser?
Negative oder positive Lösungswärme?

Sind die beiden folgenden Dissoziationsgleichungen richtig:

$$K-\underline{\bar{O}}-H \rightarrow K^\oplus + OH^\ominus$$

$$CH_3-CH_2-\underline{\bar{O}}-H \rightarrow CH_3-CH_2{}^\oplus + OH^\ominus?$$

D. h. sind organische Hydroxylverbindungen Basen?

Welches ist die wichtigste Hydroxyverbindung des Stickstoffs?
Gibt es neben dieser noch andere Hydroxyverbindungen?

Beschreiben Sie anhand von Beispielen das Gesetz der Elektronenneutralität.
Ionenreaktionen.

In welchen nichtmetallischen und metallischen Modifikationen kommt Phosphor vor?

Welche der beiden Reaktionsgleichungen ist vorzuziehen und warum?
$AgNO_3 + HCl \rightarrow AgCl \downarrow + HNO_3$
$Ag^{\oplus} + Cl^{\ominus} \rightarrow AgCl \downarrow$

Warum reagieren aliphatische Alkohole in wäßriger Lösung neutral und aromatische Alkohole (Phenole) sauer?
> Übt der Alkylrest bei den ersteren einen Elektronensog aus oder nicht? — Wie ist die Elektronenanordnung bei den Phenolen? Schreiben Sie die Mesomerie für die letzteren hin.

Worauf beruht die Acidität von Carbonsäuren?
> Welchen Einfluß hat die an einer CO-Gruppe sitzende Hydroxylgruppe auf die Elektronendichte der ersteren? — Nach Abgabe eines Protons stellt sich ein besonderer Zustand der Resonanzstabilisierung ein, den Sie bitte skizzieren wollen.

Welche Stoffgruppen bezeichnet man als starke und welche als schwache Elektrolyte?
> Wodurch unterscheiden sich beide? — Ist $HgCl_2$ ein Elektrolyt? — Gibt es also auch Ausnahmen?

Welche Wasserstoffverbindung ist basischer, die des Phosphors oder die des Stickstoffs?
> Wie heißt übrigens die erstere?

Formulieren Sie die Grenzzustände und die resonanzstabilisierten Zwischenzustände bei einer Keto-Enol-Tautomerie.
> Wählen Sie sich selbst ein Beispiel.

Welche Eigenschaften besitzen die Hydroxyverbindungen des Phosphors?
> Die Beantwortung dieser Frage setzt voraus, daß Sie diese Verbindungen überhaupt kennen!

Warum geben Phenol und Acetessigester in wäßriger Lösung die gleiche Farbreaktion mit Eisen(III)-chlorid?

Was wissen Sie über die Wasserstoffverbindungen des Arsens und des Antimons?

Warum kann man durch Einwirkung von metallischem Natrium auf Äthanol Natriumäthanol herstellen, obgleich Äthanol in wäßriger Lösung neutral reagiert und also kein durch ein Kation (z. B. durch Natronlauge) ersetzbares Proton aufweist?

Was beobachten Sie, wenn Sie einen mit konz. Salzsäure angefeuchteten Glasstab über die Öffnung einer Flasche mit Ammoniak halten?
> Deutung der Beobachtung und Formulierung der Reaktion.

Wie ist der Dissoziationsgrad α definiert und was sagt er aus?
Von welchen Größen hängt α ab?

Kann ein Kohlenstoffatom mehrere Hydroxylgruppen binden?
Wie heißt die Regel, die diese Frage beantwortet? — Warum ist das eine Regel und kein Gesetz? — Wenn es also Ausnahmen gibt, welche sind Ihnen bekannt?

Warum setzt Natronlaugezusatz zu festem Ammoniumchlorid Ammoniak frei?
Formulierung der Reaktion.

Zu welcher Meßgröße steht die Ionenkonzentration einer Elektrolytlösung in direkter Beziehung?
Linear oder potentiell?

Was verstehen wir unter primären, sekundären und tertiären Alkoholen und in welche Verbindungsklassen werden dieselben durch Oxydation übergeführt?

Halten Sie es für möglich, daß das Nitration durch Wasserstoff in statu nascendi zu Ammoniak reduziert wird? Wenn ja, dann schreiben Sie die Reaktionsgleichung auf.
Welchen Test verwenden Sie übrigens zur Prüfung auf etwa entstehendes Ammoniak?

Formulieren Sie alle vom Methanol schrittweise fortschreitend zu erhaltenden Oxydationsprodukte.
Bis zum höchsten, das keinen Wasserstoff mehr enthält.

Welche Strukturen besitzen Salpetersäure bzw. Nitrate und salpetrige Säure bzw. Nitrite?

Die Definition von Basen und Säuren im a) klassischen Sinne, b) nach *Brönsted*.
Beispiel für eine Neutralsäure, die in Anionenbasen + Proton reversibel dissoziiert. — Beispiel für eine Anionensäure, die in eine Anionenbase + Proton reversibel dissoziiert. — Beispiel für eine Kationensäure, die in eine Neutralbase + Proton reversibel dissoziiert. — Gesamtgleichung für „Protolyse". — Was ist Protonenacceptor in wäßrigen Lösungen von Neutralsäure, Anionensäure oder Kationensäure?

Wie können Sie Acetaldehyd im Reagensglas herstellen und durch welche Nachweisreaktion sichern, daß es entstanden ist?

Wie ist die Apparatur zur Durchführung der Arsenprobe nach *Marsh* aufgebaut und wie verläuft diese Probe?
Durch welche chemische Reaktion führt man anorganische nichtflüchtige arsenhaltige Verbindung in eine flüchtige Arsenverbindung

über? — Kann man auf ähnliche Weise auch organisch gebundenes
Arsen qualitativ bestimmen? — Wie unterscheidet man zwischen
Arsen und Antimon? — Formulierung der Reaktion!

Beschreiben Sie die der Anwendung von Indikatorpapieren zugrunde
liegenden Reaktionsmechanismen.
  Lackmus-, Methylorange-, Thymolblau-, Universalindikator-Pa-
  pier.

Sie stellen im Reagensglas Jodoform her und formulieren auf dem
Papier den Reaktionsvorgang.

Welche Verbindungen der Elemente der V. Hauptgruppe leiten sich von
den Oxydationsstufen $+3$ und $+5$ ab?

Was verstehen wir unter Autoprotolyse des Wassers?

Wenn Sie Jodoform durch Zutropfenlassen von Jodlösung zu einer
Lösung von Äthanol in Natronlauge herstellen konnten, so gelingt
Ihnen auch die Darstellung von Chloroform durch Chlorkalk. Bitte
formulieren Sie diese Reaktion.

Wenn ein Element in seinen Verbindungen in mehreren Oxydationsstufen auftritt, von welcher positiven Oxydationsstufe leitet sich das
stärker saure Hydroxid ab?
  Besitzen die stärker oder die weniger stark sauren Verbindungen
  das kleinere Molekelvolumen? — Mit anderen Worten: Wie erklären Sie die Abhängigkeit der Dissoziation eines Hydroxids von
  der Teilchengröße?

Welche der Säuren sind stärker sauer und warum: Salpetersäure —
Salpetrige Säure; Phosphorsäure — Phosphorige Säure; Arsensäure —
Arsenige Säure?
  Welche weisen das größere Teilchenvolumen auf?

Was bezeichnen wir als Neutralisation?
  Ionengleichung am Beispiel eines Äquivalents Salzsäure mit einem
  Äquivalent Natronlauge. — Welche Ionen reagieren miteinander
  und welche spielen keine Rolle? — Neutralisationswärme?

Was verstehen wir unter der Endiolgruppierung, welche Eigenschaft
weist sie auf, und kennen Sie eine auch für Sie essentielle Verbindung
mit dieser Anordnung?
  „Für Sie essentiell" heißt, Sie und wir alle müssen sie unserem
  Körper mit der Nahrung zuführen, sie ist also definitionsgemäß ein
  „Vitamin".

Was beobachten Sie, wenn Sie Zink oder Kupfer mit verdünnter und mit konzentrierter Salpetersäure behandeln?
> Beschreiben und Deuten der Beobachtungen und Formulierung der Reaktionen.

Besitzt die Neutralisationswärme bei allen Neutralisationsreaktionen den gleichen numerischen Wert?
> Um welche „Neutralisationsreaktion" handelt es sich hierbei eigentlich?

Inwiefern besteht zwischen o-Dihydroxybenzol und der Ascorbinsäure eine Struktur- und Reaktionsverwandtschaft?
> Inwiefern reagieren solche Systeme als starke Reduktionsmittel und welche Verbindungen entstehen bei ihrer Oxydation?

Durch welche Reaktion weisen Sie nach, daß konzentrierte Salpetersäure ein Oxydans ist?

Wie würden Sie die Neutralisationsreaktion von Salzsäure mit Ammoniak formulieren?
> Wahrscheinlich machen Sie es falsch! — Sie würden vermutlich Hydroniumion mit Hydroxylion zur Wasserbildung reagieren lassen. Es verläuft aber anders, aber wie?

Durch welche Reaktion können Sie aus aliphatischen Alkoholen und Carbonsäuren Halogenalkane und Carbonsäurehalogenide herstellen?
> Lassen sich die Halogenatome leicht oder schwer gegen andere funktionelle Gruppen austauschen?

Warum löst sich Aluminium nicht wie Kupfer in konzentrierter Salpetersäure?

Welche Verbindung entsteht beim Reagierenlassen von Benzoylchlorid mit Äthanol?

Was verstehen wir unter Passivierung von Metalloberflächen und welche Verfahren hierzu kennen Sie?

Was bezeichnen wir als aktuelle und potentielle Acidität?
> Wie kann man sie experimentell messen? — Gibt es Säuren, bei denen beide übereinstimmen?

Sie kennen sicher die Schotten-Baumann-Reaktion. Welcher Reaktionstyp ist das und welche funktionelle Gruppen weist man mit ihr nach?
> Zunächst: handelt es sich hierbei um eine Oxydation, Reduktion, Kondensation, Isomerisierung oder Hydrolyse? — Dann ein repräsentatives Beispiel für den gefragten Reaktionstyp.

Formulieren Sie die Reaktion von Eisensulfat mit verdünnter Salpetersäure, wenn Sie eine wäßrige Lösung derselben mit konzentrierter Schwefelsäure unterschichten.

Der hierbei gebildete, als Ring an der Berührungsfläche beider Schichten sichtbare Farbstoff ist was für eine Verbindung? — Farbreaktion auf Nitrationen!

Auf welche Weise würden Sie Diäthyläther herstellen?

Warum bezeichnen wir diese zweistufig ablaufende Reaktion als Kondensation?

Was beobachten Sie beim Ansäuern einer wäßrigen Lösung von Natriumnitrit mit Schwefelsäure?

Wenden Sie das Massenwirkungsgesetz für das Protolysegleichgewicht einer schwachen Säure an. Was für eine Beziehung erhalten wir und wie bezeichnet man speziell dieses Gleichgewicht?

Müssen Sie hierbei die Wasserkonzentration mit berücksichtigen, wenn Sie verdünnte wäßrige Lösungen annehmen?

Was bezeichnen wir als Aciditätskonstante K_a?

Analog der Definition des pH nach *Sörensen* formulieren Sie den mit —1 multiplizierten dekadischen Logarithmus der Aciditätskonstanten und erhalten was für einen Ausdruck? (Mit —1 multiplizieren, weil es streng genommen keinen negativen Logarithmus gibt.)

Was ist ein Halbacetal, wie entsteht es und wie kann man ein Acetal („Vollacetal") daraus gewinnen?

Reaktionstyp?

Was verstehen wir unter „nitrosen Gasen" und wie kann man sie experimentell erhalten?

Wie sind sie gefärbt? — Geruch?

Was besagt der Ausdruck $pK_a = -\log K_a$?

Wie stellen Sie Carbonsäureanhydrid her?

Reaktionstyp? — Enthalten diese Verbindungstypen „energiereiche" Bindungen?

Formulieren Sie die Reaktionsfolge nach dem Versetzen einer verdünnten wäßrigen Nitritlösung mit einigen Tropfen Kaliumpermanganatlösung und nach Ansäuern mit verdünnter Schwefelsäure.

$NaNO_2$ und $KMnO_4$ sind Salze. Die Anionen reagieren miteinander. Also müssen sie durch Schwefelsäure erst „frei" werden. Ist das Nitrition gegenüber dem Permanganation ein Reduktans oder ein Oxydans? — Auf welcher Wertigkeitsstufe steht Mn vor und

nach der Reaktion? — Formulieren als Ionenreaktion, aber nicht
vergessen, daß auch Protonen (wieviel?) der Schwefelsäure mit-
reagieren!

Und nun wenden Sie das Massenwirkungsgesetz auf das Protolysegleichgewicht schwacher Basen an. Was für eine Beziehung erhalten Sie
und wie bezeichnen Sie speziell dieses Gleichgewicht?
> Und wenn Sie die Dissoziationskonstante der Base logarithmieren
> und mit —1 multiplizieren?

Was verstehen wir unter einem Carbonsäureester, wie stellen Sie ihn
her und welche Eigenschaften weist er auf?
> Reaktionstyp? — Energiereiche Bindung? — Saure, neutrale oder
> basische Reaktion in wäßriger Lösung?

Wie verhält sich das Nitrition gegenüber dem Jodidion in wäßriger
Lösung?
> Formulieren der Reaktion, ausgehend von Natriumnitrit und
> Kaliumjodid.

Phosphorsäureester spielen im intermediären Stoffwechsel eine große
Rolle. Formulieren Sie allgemein diesen Verbindungstyp.

Formulieren und erläutern Sie anhand der Strukturformel der Salpetersäure die semipolare Doppelbindung.
> Elektronenverteilungen um die Sauerstoffatome (Elektronenpaare
> als Striche).

Ist es sinnvoll, das Massenwirkungsgesetz auf starke Säuren anzuwenden?

Die Gewinnung von Diäthyläther haben wir als eine zweistufig ablaufende Reaktion bezeichnet? Formulieren Sie jetzt das Intermediat
als ein Mineralsäure-äthylester.
> Welche Funktion hat hierbei überhaupt die Schwefelsäure? —
> Warum verläuft die Ätherbildung immer langsamer, auch wenn
> Sie zur konzentrierten Schwefelsäure, die Sie zunächst anwandten,
> stetig Alkohol zutropfen lassen?

Welche Strukturformel schreiben Sie der Metaphosphorsäure $(HPO_3)_3$
zu?
> Auch an dieser sollen Sie die semipolare Doppelbindung charak-
> terisieren.

Was ist Phthalsäure und warum bildet sich aus ihr beim Erhitzen leicht
Phthalsäureanhydrid?
> Bilden sich ganz analog Anhydride, auch aus Bernsteinsäure, Fu-
> marsäure und Maleinsäure?

Schreiben Sie die Strukturformel von Orthophosphorsäure und von Pyrophosphorsäure auf und erwähnen Sie auch, wie Sie die erstere in die letztere experimentell überführen können.

Wenn Sie das Massenwirkungsgesetz auf die Autoprotolyse des Wassers anwenden, kommen Sie schließlich zu einem Ausdruck für das Ionenprodukt des Wassers. Bitte leiten Sie ihn ab.
> Von welchen Parametern ist er übrigens abhängig? — Der numerische Wert von K_w und seine Dimension?

Die OH-Gruppen von Phenolen und Enolen lassen sich alkylieren und acylieren. Was versteht man darunter und wie führt man solche Substitutionen durch?
> Zu Alkylierungsreaktionen verwendet man meist Halogenalkane und zu Acylierungen Carbonsäurederivate auf einem höheren Gruppenübertragungspotential, also in „aktiviertem" Zustande. Welche sind das? Zwei „energiereiche" Carbonsäurederivate kennen Sie schon!

Die $P-O-P$-Bindung im Pyrophosphat ist von fundamentaler biologischer Bedeutung. Inwiefern?

Wieso gilt die Beziehung $K_a \cdot K_b = K_w$?

Welches gemeinsame Strukturelement besitzen Äther, Acetale und Ester?
> Sie fragen sich zunächst, was man unter diesen Gruppenbezeichnungen versteht. Dann schreiben Sie sich selbst ausgedachte, einfache Beispiele auf, und Sie können sofort die Frage beantworten.

Was verstehen wir unter „energiereichen" und „energiearmen" Bindungen?
> Hat das etwas mit Bindungsenergie zu tun? — Ist diese Unterscheidung auch von biochemischer oder nur von rein chemischer Bedeutung? — Wo liegt die Grenze zwischen beiden, ausgedrückt in einer numerischen Energiegröße?

Welche Sauerstoffverbindungen des Phosphors sind Ihnen bekannt?
> Oxide und daraus abzuleitende Säuren.

Wieso gilt die Beziehung $pK_a + pK_b = -\log K_w = 14$?
> Das ist eine wichtige Beziehung, und diese müssen Sie genau erklären!

Warum mischt sich Diäthyläther schlecht mit Wasser, besser mit konz. Salzsäure und warum ist es ein gutes Lösungsmittel für Chlorwasserstoffgas?
> Diese Frage ist schwer, doch gibt sie Aufschluß über die Eigenschaft des Sauerstoffatoms. Besitzt es eine große oder kleine Ten-

denz zur Ausbildung von Wasserstoffbrücken? — Mit gasförmigem HCl bildet Diäthyläther ein Oxoniumsalz, das Sie bitte formulieren wollen.

Wie heißen die Salze von Pyrophosphor-, Orthophosphor- und Metaphosphorsäure sowie von Phosphoriger und Unterphosphoriger Säure?

Wie groß ist der numerische Wert für die „Dissoziationskonstanten" starker Säuren und Basen und von schwachen Protolyten?
   Nur angenäherte Angaben bzw. Grenzwerte. Dazwischen liegen die numerischen Größen für mittelstarke Protolyte. — Welches ist der eigentliche Bestandteil aller starken Säuren? — Und welcher Konzentration ist deren Konzentration gleichzusetzen?

Dürfen Sie Diäthyläther, der längere Zeit in halbvoller Flasche bei Lichteinfall aufbewahrt wurde, ohne weitere Vorbehandlung durch Destillation reinigen?
   Welche Eigenschaften weist diese „hochstörende" Beimengung auf? — Welche Struktur besitzt sie und wie kann man sie vor der Destillation zerstören?

Beschreiben Sie eine Nachweisreaktion auf das Orthophosphat-Anion.

Formulieren Sie die Stufenprotolyse der Phosphorsäure unter jeweiliger Anwendung des Massenwirkungsgesetzes.
   Um welche Größenordnungen unterscheiden sich die Aciditätskonstanten der einzelnen Stufen voneinander?

Lassen sich Äther, Halbacetale und Acetale, die ja alle die gleiche Molekülanordnung enthalten, durch verdünnte wäßrige Säuren gleich schnell hydrolytisch spalten?

Wozu dient Ammoniummolybdat als Reagens?

Was sagt das Ostwaldsche Verdünnungsgesetz aus?
   Zwischen der Dissoziationskonstanten und welcher Größe stellt es eine Beziehung her?

Formulieren Sie die alkalische Hydrolyse von Carbonsäureestern.
   Bei welchem Molekelteil des Esters besteht ein Elektronenzug? — In welcher Weise reagiert deshalb dieser Molekelteil mit Hydroxylionen? Welches Intermediat und Endprodukt entstehen?

Wie reagiert Na_2HPO_4 mit $AgNO_3$ in wäßriger Lösung?
   Wie kann man Silberphosphat mit Silberhalogenid analytisch unterscheiden? — Und wie sind beide gefärbt?

Was sind Fette, wie stellt man sie dar und wie verläuft die alkalische
Hydrolyse derselben?

Was sind Seifen? Wie weisen Sie den Alkohol nach alkalischer
„Verseifung" nach? — Was beobachten Sie, wenn Sie die Lösung
nach der Verseifung mit Calciumchloridlösung versetzen? — Ist
das nicht das Analoge, wenn Sie Ihre Hände mit Seife unter stark
kalkhaltigem Wasser waschen?

Wir haben bereits nach einer Fällungsreaktion auf Magnesiumionen
gefragt. Kann man das System analog auch für eine Fällungsreaktion
auf Phosphationen verwenden?

Was ist „Magnesiamixtur"? — Welche Verbindung entsteht in beiden Fällen als feinkristalliner, farbloser Niederschlag mit charakteristischer Kristallform?

Was verstehen wir unter der Verseifungszahl und der Jodzahl von
Fetten?

Die eine gibt ein Maß für die Kettenlänge der Fettsäuren und die
andere ein Maß für deren Sättigungsgrad. Aber wie sind diese beiden Größen definiert und wie ermittelt man sie experimentell?

In welcher Oxydationsstufe kommen die Elemente Arsen, Antimon
und Wismut hauptsächlich vor und wie verhalten sich ihre Hydroxide
in wäßrigem Milieu?

Formulieren Sie dieses Verhalten für $AsCl_3$ und $Bi(NO_3)_3$.

Formulieren Sie die Aciditätskonstante für die Essigsäure nach dem
Massenwirkungsgesetz und wandeln Sie den Ausdruck nach der Wasser-
stoffionenkonzentration um, die Sie wissen wollen.

Verwenden Sie der Einfachheit halber $[H^\oplus]$ für $[H_3O^\oplus]$! — Sie
können einen angenäherten und einen exakten Ausdruck erhalten.
Was ist der Unterschied?

Wie stellt man As_2S_2, Sb_2S_3 und Bi_2S_2 her, wie heißen diese Verbindungen und welche Farben haben sie?

Auf welche Weise kann man As_2O_3, Sb_2O_3 und Bi_2O_3 in die Metalle
überführen?

Und nun formulieren Sie die Basizitätskonstante für Ammoniak nach
dem Massenwirkungsgesetz und wandeln den Ausdruck nach der
Hydroxylionenkonzentration um, die Sie wissen wollen.

Was für einen Ausdruck erhalten Sie, wenn Sie die Aciditätskonstante für das Ammoniumion verwenden?

Welcher chemische Vorgang liegt dem technologischen Prozeß der
„Fetthärtung" zugrunde?

Das spielt sich bei der Margarineherstellung ab.

Welches sind die Elemente der VI. Hauptgruppe des Periodensystems und durch was für ein Orbitalsymbol sind sie charakterisiert?

Ist ein Dissoziationsgleichgewicht durch Milieubedingungen, insbesondere durch Zugabe eines Dissoziationsproduktes, unbeeinflußbar oder wird es in bestimmter Richtung verändert?
> Wie ändert sich z. B. die rote Farbe des Eisen(III)-rhodanids beim Verdünnen mit reinem Wasser a) ohne weiteren vorherigen Zusatz, b) bei Zugabe einiger Tropfen Ammoniumrhodanidlösung, c) bei Zusatz einiger Tropfen Eisen(III)-chloridlösung? — Wie erklären Sie diese Beobachtungen?

Was ist eine Carbonylgruppe?
> Müßten wir diese Frage nicht im Plural stellen? — Inwiefern ist diese Gruppe mit der Doppelbindung der Alkene verwandt? — Welche Verbindungsklassen entstehen bei der Hydrierung von Carbonylgruppen-haltigen Verbindungen? — Ist die Elektronendichte bei Alkenen und Carbonylen gleich oder ungleich verteilt?

Nennen Sie alle Elemente, die durch das Orbitalsymbol $s^2 p^4$ charakterisiert werden.

Wie wird das Dissoziationssystem des Ammoniaks in reinem Wasser durch Zusatz von Ammoniumchlorid verändert?
> Wie können Sie diese Veränderung experimentell nachweisen? — Die Konzentration welches Bestandteiles dieses Dissoziationsgleichgewichts wird vermindert?

Wie würden Sie die Fähigkeit des Trichloracetaldehyds, Wasser zu addieren und dadurch in Chloralhydrat überzugehen, theoretisch erklären?
> Wie ist die Elektronendichte-Verteilung beim Chloral? — Welches Atom übt einen „Elektronenzug" aus? — Sind hierdurch Additionen an die Carbonylgruppe begünstigt? — Was ist hierbei eine „nucleophile" und eine „elektrophile" Reaktionsgruppe?

Sind Sauerstoff und Schwefel Metalle, Tellur und Polonium Nichtmetalle und Selen sowohl Metall als auch Nichtmetall?

Weche Beziehung besteht zwischen dem Einfluß gleichsinniger Zusätze auf den Dissoziationsgrad schwacher Elektrolyte und deren Dissoziationskonstanten?
> Wird auch die Dissoziation starker Elektrolyte durch Zusatz eines Dissoziationsproduktes beeinflußt?

Welche Bindungsart herrscht zwischen Sauerstoff bzw. Schwefel und anderen Nichtmetallen überwiegend vor?

Wenn Sie sich an Ihre eigene Formulierung der Wasseraddition an Chloral erinnern und Sie nun anstelle von Wasser einen primären Alkohol annehmen, was für einen Verbindungstyp erhalten Sie jetzt?

Was wissen Sie über die Beständigkeit der Wasserstoffverbindungen der Elemente der VI. Hauptgruppe des Periodensystems in der Reihenfolge zunehmenden Atomgewichts?

Bei der Addition eines primären Alkohols an einen Aldehyd haben wir ein Halbacetal entstehen lassen (siehe das Beispiel mit Chloral). Hier reagierten zwei verschiedene Moleküle miteinander. Kennen Sie aber auch Beispiele von intramolekularer Halbacetalbildung?
> Das setzt natürlich aliphatische Molekeln voraus, die so entfernt von der Carbonylgruppe Hydroxylgruppen enthalten, so daß sich ein Ring bilden kann. Von solchen Verbindungstypen wird in der Biochemie vielfach die Rede sein.

Welche Unterschiede bestehen im molekularen Aufbau von O und S sowie von H_2O und H_2S?

Formulieren Sie die Addition von Ammoniak an eine Aldehydgruppe oder eine Ketogruppe.
> Anstelle des Ammoniaks können Sie auch ein primäres Amin oder die Aminogruppe einer Aminosäure annehmen. — Auch diese Reaktion spielt in der Biochemie eine große Rolle. — Vom rein chemischen Aspekt ist auch die Reaktion von Formaldehyd mit Ammoniak recht interessant. Sie führt zu „Urotropin", aber was ist das für eine Verbindung?

Welchen Aggregatzustand weisen Sauerstoff und Schwefel bei Raumtemperatur auf und welche Schlüsse können Sie aus diesem Vergleich ziehen?

Was sind Azomethine und wie entstehen sie?
> Ebenfalls von biochemischer Bedeutung!

Welche Beziehung besteht zwischen den stöchiometrischen Dissoziationskonstanten K und den thermodynamischen Dissoziationskonstanten K^*?

Was beobachten Sie beim Erhitzen von festem Quecksilberoxid im trockenen Reagensglas und wie können Sie die entstehenden Reaktionsprodukte nachweisen?

Welcher Verbindungstyp entsteht beim Reagierenlassen von Carbonylverbindungen mit 2,4-Dinitrophenylhydrazin?
> Wir werden später auf diese Grundreaktion noch zurückzugreifen haben.

Auf welche Weise setzt sich Eisensulfid mit Salzsäure um und wie weisen Sie eines der Reaktionsprodukte nach?

Welche Eigenschaften des elementaren Schwefels sind Ihnen bekannt?

Wir haben Phenylhydrazin als ein nucleophiles Reagens kennen gelernt, das sich an Carbonylgruppen addiert. Wie verläuft die analoge Reaktion mit Hydroxylamin und wie heißt das Reaktionsprodukt mit Acetaldehyd?

Was verstehen wir unter dem Aktivitätskoeffizienten f von Ionen in wäßriger Lösung?
 Durch diesen Koeffizienten wird was für eine Beziehung zwischen zwei Größen hergestellt? — Kennen Sie den numerischen Wert f für eine 0,1 n Salzsäure? — Wie groß ist die Wasserstoffionenaktivität für diese Konzentration an HCl? — Ist f konzentrationsabhängig? — Was drückt f aus? Ist f auch von Fremdionen abhängig?

Dissoziiert Schwefelwasserstoff in wäßriger Lösung Protonen ab und können diese durch andere Protonen ersetzt werden?
 Wie heißen die Salze des Schwefelwasserstoffs? — Existieren auch „saure" Salze?

Aldehyde und Ketone vermögen Natriumhydrogensulfit (Natriumbisulfit) zu addieren. Bitte formulieren Sie diese zur Isolierung und zur quantitativen Bestimmung biochemisch wichtiger Carbonylverbindungen wichtige Grundreaktion.

Warum fällt aus einer wäßrigen Lösung von Zinkchlorid ZnS nur mit Ammoniumsulfid und nicht mit Schwefelwasserstoff aus?

Welche natürlich vorkommenden aliphatischen Di- und Tricarbonsäuren sind Ihnen bekannt?

Wie reagiert Schwefelwasserstoff mit Brom in wäßriger Lösung?
 Redoxreaktion, bitte formulieren (mit Ladungsangaben!).

Wie ist die Ionenstärke μ definiert?

Was sind Nitrile und wie kann man sie darstellen?
 Die Reaktion ist als Cyanhydrinreaktion bekannt! — Ein Aldehyd oder ein Keton müssen Sie vorlegen, aber womit reagieren lassen? — Man gebraucht diese Reaktion zur Synthese von Hydroxy- oder Aminosäuren. — Wie kann man aus Nitrilen Carbonsäuren herstellen?

Formulieren Sie die Reaktion von Wasserstoffperoxid mit Jodwasserstoff.

Freisetzen des letzteren aus KJ wodurch? — Redoxreaktion!

Wirken Aldehyde reduzierend oder oxydierend?

Auf welcher Oxydationsstufe stehen sie? — Was geht chemisch leichter: die Oxydation zur entsprechenden Carbonsäure oder die Reduktion zum entsprechenden Alkohol (primär oder sekundär)?

Ist Wasserstoffperoxid ein Oxydans oder ein Reduktans?

Wie definierte *Sörensen* 1909 den pH-Wert?

Was gibt pH an? — Wie groß ist $[H^{\oplus}]$ des reinen Wassers bei 22° C? — Und daraus berechnet pH? — Was ist neutral, was sauer und was alkalisch?

Reagieren folgende Verbindungen mit Fehling-Reagens: Äthanol, Acetaldehyd, Aceton, Ameisensäure?

Sie wiederholen zunächst: Was ist Fehling-Reagens, unter welchen Versuchsbedingungen muß ich es anwenden und was besagt negativer oder positiver Ausfall dieser Reaktion? — Und nun die Frage. — Könnten auch Ketone mit Fehling-Reagens reagieren und kennen Sie ein Beispiel? Bleibt hierbei die Molekel des Reaktans intakt?

Wie verhält sich Wasserstoffperoxid gegenüber Kaliumpermanganat in angesäuerter wäßriger Lösung?

Formulieren Sie diese Reaktion unter Angabe der Ladungsänderungen.

Wie ändert sich $[OH^{\ominus}]$ des reinen Wassers bei Zugabe von $[H^{\oplus}]$? Welche Beziehungen bestehen zwischen den beiden Größen?

Kann $[OH^{\ominus}]$ überhaupt den Wert Null erreichen, z. B. in einer sehr starken Säure?

Formulieren Sie das tautomere Gleichgewicht von α-Hydroxyketonen.

Ketoform und Enolform! — Sie meinen, das wäre nicht von Bedeutung? Dann schlagen Sie die Formel von Ascorbinsäure (Vitamin C) nach, falls Sie sie nicht schon kennen.

Wie symbolisieren Sie die Elektronenkonfiguration bei der Sauerstoffmolekel?

Wenn Sie den Harn eines starken Diabetikers mit Jodlösung versetzen und tropfenweise Natronlauge hinzufügen, welches Reaktionsprodukt können Sie am Geruch erkennen und aus welcher Verbindung ist es entstanden?

Schreiben Sie die Strukturformel von Sulfit, Sulfat und Thiosulfat auf.

Welche Vorrichtung und Reaktion können Sie anwenden, um einen konstanten Strom von gasförmigem HCl, SO_2 oder Cl_2 zu erzeugen?

Was besagt die Beziehung $pH + pOH = 14$?

Welche der folgenden Verbindungen sind Ihrer Meinung nach wasserlöslicher und welche sind es weniger: Propionsäure, Milchsäure, Glycerinsäure — Buttersäure, α-Hydroxybuttersäure, α-Aminobuttersäure, Bernsteinsäure, Asparaginsäure, Äpfelsäure, Weinsäure — Valeriansäure, Glutarsäure, Glutaminsäure, Citronensäure?
> Welchen Einfluß haben zusätzliche funktionelle Gruppen zu den Carboxylgruppen auf die Wasserlöslichkeit und warum?

Durch welche Maßnahme führen Sie Sulfite in Sulfate über?

Rechnen Sie den pH-Wert des reinen Wassers von 18° C aus, wenn bei dieser Temperatur $K_w = 0,74 \cdot 10^{-14}$ ist.

Was verstehen wir unter optischer Aktivität und welches ist ihre Voraussetzung?
> Begriffe wie Spiegelbildisomerie, optische Antipoden und die zu ihrer Erläuterung dienende Skizzen müssen geläufig sein. — Unter diese Skizze zeichnen Sie die beiden Formen des Glycerinaldehydes als Bezugssysteme der Kohlenhydrate.

Nennen Sie eine Fällungsreaktion auf Sulfat.

Wie groß ist $[H^{\oplus}]$ für ein- und zweiwertige starke Säuren?

Beschreiben Sie Aufbau und Funktion eines Polarimeters.
> Wozu wird es verwendet? — Was ist polarisiertes monochromatisches Licht?

Beim Herstellen von Lösungen verdünnter Säuren aus konzentrierten merke „Erst das Wasser, dann die Säure, sonst passiert das Ungeheure"! — Was würde also passieren, wenn Sie Wasser auf konzentrierte Schwefelsäure gießen?

Was verstehen wir unter „hygroskopisch"?
> Welche Stoffe kann man zum Beschicken von Exsikkatoren verwenden?

Formulieren Sie die Entstehung von Lactiden aus α-Hydroxysäuren, hier am Beispiel der Milchsäure (acidum lacticum).

Was beobachten Sie beim Aufgießen von konzentrierter Schwefelsäure auf Rohrzucker?
> „Kohlenhydrat"! Was verbleibt beim Entzug von Wasser?

Wenn sich aus α-Hydroxysäuren beim Erhitzen unter Wasserabspaltung Lactide bilden, welche Verbindungen entstehen unter den gleichen Versuchsbedingungen aus β-Hydroxysäuren?

Was verstehen Sie unter Säureanhydriden? Es gibt solche aus gleichen Säureresten und aus ungleichen Säureresten.
Was ist unter diesem Gesichtspunkt Acetylchlorid, Acetanhydrid, Acetylnitrat, Acetylpropionat, Acetylphosphat? Besonders gemischte Säureanhydride, und unter diesen wieder solche der Phosphorsäure, spielen im Stoffwechselgeschehen eine große Rolle. Man nennt sie „aktivierte Säuren", da die organischen Säurereste auf einem höheren „Gruppenübertragungspotential" stehen.

Kann man metallisches Kupfer in konzentrierter Schwefelsäure lösen und was beobachtet man beim Versuch, dies nachzuweisen?
Halten Sie die Nase über das Reagensglas! — Reaktionsgleichung.

Welche Methoden zur pH-Messung kennen Sie?
Indikatormethode. — Elektrometrische Methoden. — Wie funktioniert eine sogenannte Glaselektrode?

Biochemisch wichtig sind auch allgemein als Lactone bezeichnete Ringverbindungen. Aus welchen offenen, d. h. kettenförmigen Carbonsäuretypen entstehen Lactone beim Erhitzen unter Wasserabspaltung?
Vielleicht haben Sie schon die Ascorbinsäure kennen gelernt oder das 6-Phosphogluconolacton.

Die freie Thioschwefelsäure ist nicht beständig. Was beobachten Sie beim Ansäuern einer wäßrigen Lösung von Natriumthiosulfat?
Schreiben Sie die Reaktionsgleichung auf.

Was wissen Sie über Komplexophilie aliphatischer Hydroxycarbonsäuren in alkalischer Lösung?
Nennen Sie einige Beispiele, die auch biochemisch wichtig sind.

Schreiben Sie die Gleichung für die Reaktion von Thiosulfat mit Jod auf.

Was verstehen wir unter Kationensäuren und Anionenbasen?
Reagieren Natriumacetat und Ammoniumchlorid sauer oder alkalisch?

Warum ist Carbolsäure eine Säure und doch keine Säure?
Hat sie eine Carboxylgruppe? — Welche Eigenschaften kennen Sie von an aromatischen Ringen sitzenden Hydroxylgruppen?

Beschreiben Sie anhand der Reaktionsgleichung die Wirkung von Natriumthiosulfat als „Fixiersalz" bei der Photographie.
Was für ein Verbindungstypus entsteht hierbei?

Welches sind die Elemente der VII. Hauptgruppe des Periodensystems und durch was für ein Orbitalsymbol sind sie charakterisiert?

Formulieren Sie die Protolyse des Acetations mit Wasser.
Sie erhalten die Erklärung dafür, daß die wäßrige Lösung von Natriumacetat alkalisch reagiert. — Anwendung des Massenwirkungsgesetzes auf das Protolysegleichgewicht und Berücksichtigung des Ionenprodukts des Wassers.

Ist Acetylsalicylsäure saurer als Salicylsäure?
Wie heißt das die erstere Verbindung enthaltende Arzneimittel?

Nennen Sie alle Elemente, die durch das Orbitalsymbol $s^2 p^5$ charakterisiert sind.

Geben Acetessigsäure und Phenol eine Farbreaktion mit Eisen(III)-chlorid und warum?
Was ist beiden Verbindungen gemeinsam?

Aus welchem Grund ist Fluor das elektronegativste Element?
In welche Schale wird ein zusätzliches Elektron eingebaut? — Ist Fluor ein Reduktans oder ein Oxydans?

Auf welche Weise reagiert das Ammoniumion als Kationensäure mit Wasser?
Formulieren und Anwendung des Massenwirkungsgesetzes.

Welcher Bindungstyp herrscht bei den Wasserstoffverbindungen der Halogene überwiegend vor und wie verhalten sie sich gegenüber Wasser?
Formulieren unter Berücksichtigung der Elektronenkonfigurationen.

Die Carboxylgruppe in α-Ketosäuren ist nicht fest gebunden. Wie verläuft die Reaktion bei der Einwirkung von konz. Schwefelsäure oder des Enzyms Carboxylase auf Brenztraubensäure?

Welche Hydroxylverbindungen der Halogene sind Ihnen bekannt und welche Eigenschaften kennen Sie von ihnen?
In welcher Weise dissoziieren sie?

Welche Reaktion findet statt, wenn Sie Natriumlactat in wäßriger Lösung in der Kälte tropfenweise mit verdünnter Kaliumpermanganatlösung versetzen?
In der Wärme geht die Reaktion weiter und es spaltet sich CO_2 ab. Was verbleibt?

Berichten Sie über die Abstufung der Oxydationswirkung der Halogene und wie Sie sie nachweisen.

Welche Dissoziationsprodukte liefern beim Lösen in Wasser a) Salze schwacher Säuren und b) Salze schwacher Basen?

Acetoacetat ist eine β-Ketosäure. Warum bildet sich aus ihm leicht Aceton?
> Woran erinnert Sie diese Reaktion? — Sie werden lernen, daß sie auch im lebenden Organismus abläuft. — „Ketonkörper" des Klinikers!

Wie reagiert eine Kaliumbromidlösung mit Chlorwasser?
> Wie weisen Sie das Reaktionsprodukt nach?

Sind auch Anionen starker Säuren, z. B. $Cl^\ominus$ und $NO_3^\oplus$ an protolytischen Vorgängen beteiligt?
> Was sind Nichtprotolyte?

Sie haben schon eine Identifizierungsreaktion von Aldehyden mit Phenylhydrazin kennen gelernt. Nun formulieren Sie die analoge Reaktion mit Acetoacetat.

Wie reagiert eine Kaliumjodidlösung mit Chlorwasser oder Bromwasser?
> Wie weisen Sie die Reaktionsprodukte nach? — Formulieren Sie die Reaktionen.

Was wissen Sie über Hydratation von Kationen anorganischer Salze in wäßrigen Lösungen?
> Was sind Metall-Äquo-Ionen? — Wie reagieren solche wäßrigen Lösungen gegen Universalindikatorpapier? — Ihre Erklärung hierfür?

Formulieren Sie die Dehydrierung des Glycerins.
> Es können zwei Verbindungstypen entstehen, aber beide sind erste Dehydrierungsprodukte eines mehrwertigen Alkohols. Und damit haben Sie die allgemeine Definition von Kohlenhydraten.

Kennen Sie eine Fällungsreaktion auf Chloridionen?
> Wie können Sie diese Reaktion spezifizieren, d. h. worin löst sich der Niederschlag wieder auf? — Wie verhalten sich analog Chromid- und Jodidionen?

Woher ist der Ausdruck Kohlenhydrate (nicht Kohlehydrate!) abgeleitet und was verstehen wir darunter?
> Zählen Sie einige Monosaccharide auf. Entwickeln Sie die beiden diastereomeren Reihen von Kohlenhydraten „von unten nach oben". — Was sind also Aldosen und Ketosen?

Übergießen Sie in Reagensgläsern Natriumchlorid oder Natriumbromid
mit konz. Schwefelsäure, so entweichen Gase. Welche sind es und wie
können Sie sie identifizieren?
> Was aber entsteht, wenn man Kaliumjodid mit konz. Schwefel-
> säure behandelt?

Was verstehen wir unter Ampholyten?
> Ist Wasser ein Ampholyt? — Ist Phosphorsäure ein Ampholyt? —
> Aber Aluminiumhydroxid ist sicher ein Ampholyt! — Alle Bei-
> spiele formulieren.

Es gibt drei epimere Hexosen. Welche sind das und wie kann man das
Epimeriegleichgewicht einstellen?
> Und wenn man die alkalische Lösung eines solchen Gleichgewichts
> mit verdünnter Permanganatlösung versetzt, welche Reaktionen
> treten ein?

Schreiben Sie die Strukturformeln für Chlorid, Hypochlorid, Chlorat
und Perchlorat auf.

Beschreiben Sie den Ampholytcharakter von neutralen, sauren und
basischen Aminosäuren.
> Liegen neutrale Aminosäuren bereits in kristallisiertem Zustand
> als Zwitterionen vor oder erfolgt Protonenaustausch erst bei ihrem
> Auflösen in Wasser?

Warum reduziert außer Glucose auch Fructose eine alkalische Kupfer-
sulfat-Seignettelösung (Fehling-Reagens) oder ammoniakalische Silber-
nitratlösung?
> Sie sollten die Strukturänderung von Glucose und Fructose in
> alkalischer Lösung formulieren.

Auf welche Weise disproportionieren Hypochloritionen in wäßriger
Lösung?

Auf welche Weise reagiert eine neutrale Aminosäure als Anionenbase
bzw. als Kationenbase?
> Parallelität zur Protolyse des Acetations bzw. des Ammonium-
> ions. Wieso? — Kann die Lage des Protolysegleichgewichts einer
> Aminosäure durch Änderung von $[H^\ominus]$ beeinflußt werden und in
> welchem Sinne?

α-Hydroxyaldehyde, z. B. Glucose, und α-Hydroxyketone, z. B. Fructose, setzen sich in der Wärme in dreistufiger Reaktion mit Phenylhydrazin um. Formulieren Sie diese Reaktionen.
> Kondensation-Redoxreaktion-Kondensation. Wieviel Moleküle
> Phenylhydrazin verbrauchen Sie? — Wie heißen die Reaktions-
> endprodukte? Sind sie strukturell verschieden? (Phenylhydrazin-

base ist nicht beständig. Sie verwenden deshalb das Hydrochlorid. Warum müssen Sie bei der Durchführung der Reaktion Natriumacetat zusetzen?)
Wie reagiert Chlorwasser mit verdünnter Natronlauge, die Sie tropfenweise eintragen?

Bleibt der Chlorgeruch erhalten? — Wie weisen Sie eines der Reaktionsprodukte nach? — Formulieren!

Was verstehen wir unter dem isoelektrischen Zustand des Protolysegleichgewichts einer Aminosäure und dem isoelektrischen Punkt?

Warum wandert eine solche Aminosäure nicht im Elektrophoreseversuch beim Anlegen einer Potentialdifferenz?

Welche der genannten aliphatischen Carbonsäuren sind optisch aktiv: Essigsäure, Oxalsäure, Malonsäure, Milchsäure, Glycerinsäure, Bernsteinsäure, Äpfelsäure, Citronensäure, Isocitronensäure, Buttersäure, γ-Hydroxybuttersäure, β-Hydroxybuttersäure, Fumarsäure, Brenztraubensäure.

Man schreibe am besten alle Formeln hin.

Was ist Chlorkalk und wie können Sie ihn herstellen?

Wozu wird er technisch verwendet?

Zeichnen Sie den Verlauf einer Titrationskurve des Glycins auf, wobei Sie als Abszisse, von einem Ordinatenlot mit den pH-Werten ausgehend, nach links die Äquivalente Säure und nach rechts die Äquivalente Base auftragen.

Wo liegen IP, pKa_1 und pKa_2? — Welche Molekelanordnung erkennen Sie bei diesen Punkten dem Glycin zu? — Quotientengleichungen für Ka_1 und Ka_2.

Formulieren Sie an der Glucosestruktur die Oxo-Cyclo-Tautomerie.

Das cyclische Halbacetal nennt man auch Lactol. — Was ist der Unterschied zwischen Halbacetal und (Voll)Acetal? — Zeichnen Sie die Lactole von freier Glucose und freier Fructose auf. Sie sind verschieden! — Gibt es auch Lactole von Pentosen, z. B. Ribose? — Diese Strukturen sind biochemisch bedeutungsvoll.

Was verstehen wir unter Nebengruppenelementen?

Synonymum für diesen Begriff? — Welche der Niveaus, das innere d- oder das Unterniveau f werden „aufgeschüttet"? Kommen Sie jetzt wieder auf die Elektronenniveauanordnung der Elemente des Periodensystems im allgemeinen zurück, also auch der Hauptgruppenelemente.

Was besagt die Beziehung $IP = \dfrac{pKa_1 + pKa_2}{2}$?

Aber nicht nur Erklärung dieses „Tatbestandes", sondern auch Ableitung, nach welchen Überlegungen? — Warum kann der IP von Aminosäuren nicht mit dem Neutralpunkt übereinstimmen?

Wieviel asymmetrische C-Atome hat D-Glucose?

> In offener und in ringgeschlossener Lactolform? — Was heißt übrigens D-? Wissen Sie auch, was die Präfices α-D- und β-D- bedeuten? — Bei dieser Gelegenheit: was bezeichnen wir als Furanoseform und Pyranoseform?

Was verstehen wir unter dem Schüttprinzip?

> Auffüllen der Energieniveaus der Atomhüllen welcher Elemente im besonderen?

Besitzen Ampholyte am IP ihr Löslichkeitsmaximum oder -minimum in Wasser?

> Sie werden das in der Physiologischen Chemie besonders deutlich an den „Polyelektrolyten" Eiweißkörper studieren können!

Was bezeichnen wir als Mutarotation? Beschreiben Sie dieses Phänomen am Beispiel der Glucose.

> Zwei Modifikationen: α- und β-Glucose. „Gleichgewichtsglucose".

Welche Eigenschaften der Nebengruppenelemente zeichnen für deren Metallcharakter verantwortlich?

Was verstehen wir unter maßanalytischer Neutralisationstitration und wozu dient sie?

> Dieses Analysenverfahren müssen Sie genau kennen, denn es dient in der Klinischen Biochemie zur analytischen Ermittlung der Konzentration eines Magensaftbestandteiles. — Was ist Äquivalenzpunkt, Normallösung, Acidimetrie, Alkalimetrie, Urtitersubstanz, „Faktor" einer Titrationslösung? — Warum Angabe in Val oder Millival?

Was ist ein Glykosid?

> Ist Oberbegriff! — Welche Glucosid-Modifikationen kennen Sie?

Inwiefern können bei den Nebengruppenelementen verschiede Oxydationsstufen auftreten?

> Verändern sich unter Reaktionsbedingungen stets nur die Zahlen der Außenelektronen?

Zeichnen Sie den Kurvenverlauf einer Titration von 0,1 n Salzsäure mit 0,1 n Natronlauge auf, wobei Sie als Abszisse Prozent Neutralisation und als Ordinate die pH-Skala wählen.

> In welchen Bereichen liegen die Farbumschlaggebiete für Methylrot und Phenolphthalein? — Mit was ist der Wendepunkt der Kurve identisch?

Kennen Sie ein Glykosid, das sowohl Glucosid- als auch Fructosid-Strukturanteile in der Molekel enthält?

> Wie heißt diese Substanz? — Besitzt sie freie Carbonylfunktionen? — Kann sie Fehling-Reagens reduzieren? — Welche Ringtypen liegen vor? — Wie würden Sie diese Substanz chemisch exakt benennen?

Welche höchste Oxydationsstufe können Chrom, Molybdän und Wolfram erreichen und warum?

Man unterscheidet zwei Disaccharidtypen: Trehalosetyp und Maltosetyp. Formulieren Sie beide in abgekürzter Symbolschreibweise und erläutern Sie an diesen Bildern die für jede der beiden Gruppen charakteristischen Bindungstypen und chemischen Verhaltensweisen.

Welche der Chromverbindungen wirken oxydierend und welche reduzierend?
D. h. die eine neigt zur Aufnahme, die andere zur Abgabe von Elektronen. Formulieren!

Welche Besonderheiten müssen Sie bei der Titration einer schwachen Säure mit einer starken Base und einer schwachen Base mit einer starken Säure beachten?
Wo liegen jeweils die Äquivalenzpunkte? — Wie erkennen Sie übrigens den Äquivalenzpunkt bei der Titration einer schwachen Base mit einer schwachen Säure? — Welche Fehlermöglichkeiten bei der Säure-Base-Titration gibt es generell?

Welche Strukturunterschiede bestehen zwischen Ribose, Ribulose, Xylose, Glucose, Galaktose, Mannose und Fructose?

Aus welchem Verhalten des Chrom(III)-hydroxids leiten Sie seine amphotere Eigenschaften ab?
Formulieren!

Was ist Saccharose, Lactose, Maltose, Cellobiose?
Strukturcharakteristiken und chemische Eigenschaften.

Schreiben Sie die Strukturformeln für Chromat und Dichromat auf.
Welche Substanz ist gelb und welche orange? — Wie kann man das erstere in das letztere überführen? — Kennen Sie für Chromat charakteristische Nachweisreaktionen (gefärbte Schwermetallsalze)?

Zur Titration einer 0,1 m Phosphorsäure mit 0,1 n Natronlauge sollen Sie a) den Verlauf der Titrationskurve aufzeichnen, wozu Sie als Abszisse die Prozente der Neutralisation und auf der Ordinaten die pH-Skala wählen, b) die pH-pKa-Beziehungen für die drei Neutralisationsstufen aufschreiben.
Welche Indikatoren würden Sie zur Erfassung des 1. und 2. Wendepunktes anwenden? — Können Sie auch den 3. Wendepunkt genau ermitteln?

Durch welche Reaktion können Sie Chromperoxid CrO_5 herstellen und wie nachweisen?

Erläutern Sie die Prinzipien der Oligo- und Polysaccharidbildung, indem Sie von willkürlich gewählten Disacchariden ausgehen.

$1 \rightarrow 4$- und $1 \rightarrow 6$-Bindungen. Beispiele für lineare und verzweigte Oligo- und Polysaccharide. — Was sind Dextrine?

In welchen Oxydationsstufen tritt Mangan in seinen wichtigsten Verbindungen auf?

Welche Elektronen der dritten Schale können abgegeben werden?

Was ist bei der Titration einer starken Anionenbase, z. B. des Carbonations, zu beachten?

Welchen Indikator verwenden Sie für die Titration bis zur 1. Stufe und bis zur 2. Stufe? — Formulieren Sie die Protolysegleichgewichte! — Was ist „Verdrängungstitration"?

Charakterisieren Sie eine „Einschlußverbindung" vom repräsentativen Beispiel der Jod-Stärke-Reaktion.

Aus welchen präparativ voneinander trennbaren Bestandteilen besteht die Stärke? — Welche von den beiden gibt die tiefblaue Färbung mit Jod? — Die Raumstruktur dieses einen Stärkebestandteils? — Warum gibt Cellulose keine Jodreaktion? — Gibt Glykogen eine Jodreaktion?

In welchen Wertigkeitsstufen wirkt Mangan oxydierend und in welche Wertigkeitsstufe geht es über, d. h. wieviele Elektronen nimmt ein Molekül auf?

Was verstehen wir unter einem Puffersystem?

Sie beschreiben die „Pufferwirkung" zunächst am besten anhand zweier Beispiele: dem „Abstumpfen" saurer und alkalischer Lösungen durch Hinzufügen der korrespondierenden Anionenbase bzw. Kationensäure. — Dann Erläuterung, durch welche Beziehung die pH-Werte von Mischungen aus schwachen Säuren und ihren korrespondierenden Basen bestimmt sind. — Definition der Puffersysteme. — Warum pH-Bereich von $pKa \pm 1$? — Beispiele!

Von welcher Base leiten sich Mangan(II)-Salze ab?

Was drückt die Henderson-Hasselbalch-Gleichung aus?

Wie sind die pH-Werte von Mischungen aus schwachen Säuren und ihren korrespondierenden Basen determiniert? — Anlehnung an Definition des pH. — Logarithmische Umformung des Massenwirkungsgesetzes. — Puffersysteme.

Schreiben Sie alle Hydroxide des Mangans und die sich durch Wasserabspaltung aus ihnen ableitenden Verbindungen auf.

Nennen Sie die pK_a-Werte der drei Puffersysteme a) Essigsäure — Acetat-Puffer, b) Phosphatpuffer, c) Ammoniumchlorid — Ammoniak-Puffer, als drei repräsentative Beispiele für den sauren, neutralen und alkalischen Bereich. Zeichnen Sie auch die Pufferdiagramme dieser drei Systeme auf. Nochmals: Warum $pH = pK_a \pm 1$? — Wann besteht maximale Pufferkapazität?

Warum quillt trockene Stärke, in warmes Wasser eingetragen, oder die Suspension der Stärke in kaltem Wasser beim Erwärmen zu einem Stärkekleister?

Was ist Braunstein und von welchem Oxidhydrat leitet er sich ab?

Warum bedingt der potentielle Vorrat an Säure und der aktuelle Vorrat an korrespondierender Base die Pufferwirkung eines Puffersystems?

Gibt Cellulose in warmem Wasser einen Cellulosekleister, ähnlich der Stärke, oder kennen Sie eine andere Möglichkeit, Cellulose in Lösung zu bringen?

Was ist Manganatschmelze und was beweist dieser Versuch?
Formulieren der Schmelzreaktion. — Löst man das Schmelzprodukt in Wasser und säuert es mit etwas Essigsäure an, was beobachtet man? — Auch diese Reaktion formulieren.

Welches sind die wichtigsten Grundregeln für Puffersysteme?
Sie fassen hier noch einmal alles zusammen, was früher über Pufferwirkungen gefragt wurde. Diese Regeln sind von fundamentaler Bedeutung für die meisten biochemischen Reaktionen, die Sie später lernen werden.

Was ist der Unterschied zwischen einer homolytischen und einer heterolytischen Spaltung einer Bindung?

Wie stellt man Mangansulfid her und welche Farbe hat es?

Welches sind die wichtigsten Puffersysteme des Blutes, der Interzellularflüssigkeit und des Zellinhaltes?

Formulieren Sie die Oxydationswirkung des Permanganats in alkalischem und saurem Reaktionsmilieu.
Wieviel wertiges Mangan enthält das Permanganation formal? — Welche Wertigkeitsstufe nimmt es in alkalischer und in saurer Lösung an, bei Anwesenheit von Reduktantien? — Wie reagiert es z. B. in natronalkalischer Lösung mit Natriumsulfit, in schwefelsaurer Lösung mit Eisen(II)-sulfat oder Kaliumjodid? Formulieren Sie alle Reaktionen.

Was ist der Unterschied zwischen homogener und heterogener Verteilung?
Beschreiben Sie „Mehrkomponenten-Systeme“ und „Phasensysteme“. — Ist der Begriff Lösung an einen bestimmten Aggregatzustand gebunden? — Was ist der Unterschied zwischen einem flüssigen Gemisch und einer Lösung?

Was sind Mercaptane und Mercaptide?

> „corpus mercurio aptum"! — Eines der bekanntesten Mercaptane — man nennt sie auch Thiole — ist das BAL (british anti-lewisite), = 2,3-Dithiol-glycerin oder auch 2,3-Disulfhydryl-propanol-(1). Einige seiner Eigenschaften sollten Sie kennen, da es bei Schwermetallvergiftungen therapeutisch verwendet wird.

Inwiefern werden bei Eisen, Kobalt und Nickel die 3 d-Unterniveaus aufgefüllt, wenn Sie vom Orbitalsymbol für Mangan ausgehen?

Was verstehen wir unter einer gesättigten und einer halbgesättigten Lösung?

> Am Beispiel einer Ammoniumsulfatlösung erläutern. In der Physiologischen Chemie werden Sie erfahren, welche Bedeutung gerade diese Lösungssysteme haben.

In welchen formalen Wertigkeitsstufen treten Eisen, Kobalt und Nickel auf, wie erklären Sie das und zu welcher Nebengruppe des Periodensystems rechnet man sie?

Erläutern Sie an einem Schema den Dipolcharakter des Wassers und seine auf dieser Eigenschaft beruhenden besonderen Bedeutung als Lösungsmittel.

> Besitzt Sauerstoff oder Wasserstoff eine größere Elektronenaffinität? — Wo ist also der Sitz des bindenden Elektronenpaars im zeitlichen Mittel? Also: Valenzwinkel und Polarisation! — Hydratationshülle.

Welche der Eisenverbindungen wirken schwach reduzierend und welche schwach oxydierend?

Zeichnen Sie die Hydratationshüllen bei einem Acetation und dem Ion einer längeren aliphatischen geradkettigen Fettsäuremolekel ein.

> Was ist der Unterschied zwischen hydrophil und hydrophob? — Warum nimmt die Löslichkeit aliphatischer Fettsäuren mit zunehmender Kettenlänge ab?

Was ist Cystein und Cystin?

> Eine Sulfhydryl- und eine Disulfidverbindung, aber durch welche Vorgänge können Sie beide ineinander überführen?

Is: der leichte Elektronenwechsel des Eisenions von biologischer Bedeutung?

Schreiben Sie einige organische polare Gruppen hin, deren Einführung in apolare „Vehikel" zunehmende Wasserlöslichkeit verursachen.

Formulieren Sie die Entstehungsweise einer Sulfonsäure aus einer Sulfhydrylverbindung am Beispiel des Cysteins.
Wie heißt das Reaktionsprodukt? — Es besitzt biochemische Bedeutung. — Welche Ähnlichkeit besteht zwischen Sulfonsäure und Schwefelsäure?

Auf welche Weise erhalten Sie die Sulfide von Eisen, Kobalt und Nickel und wie sind sie gefärbt?

In welchen Lösungsmitteln sind apolare und polare Substanzen löslich?
Grundregel für die Löslichkeit von Stoffen.

Was sind Alkylsulfonate und Fettalkoholsulfate?
Grundtypen neutraler Waschmittel. Bilden sie schwerlösliche Salze mit Erdalkalien wie die gewöhnlichen Seifen?

Wie stellen Sie die Hydroxide des Eisens dar und wie sind sie gefärbt? Formulieren Sie diese Reaktionen.

Warum sind apolare Stoffe in apolaren Lösungsmitteln löslich?
Welche intermolekularen Kräfte betätigen sich hierbei?

Was beobachten Sie beim Versetzen wäßriger Lösungen der Salze des II-wertigen Eisens, Kobalts und Nickels mit Ammoniaklösung?
Wie deuten Sie die „abnormen" Reaktionen mit den beiden letztgenannten Verbindungen gegenüber dem Versuch mit dem Eisensalz?

Wie ist die Löslichkeit eines Stoffes in einem bestimmten Solvens definiert?
Gibt es eigentlich vollkommen unlösliche Stoffe? — Spielt bei der Löslichkeit die Temperatur eine Rolle und welche?

Was sind Sulfonamide?
Repräsentatives Beispiel: Prontalbin = p-Aminobenzolsulfonamid.

Neigen Eisen(II)- und Eisen(III)-Ionen auch zur Komplexbildung wie z. B. die Kobalt(II)- und Nickel(II)-Salze mit Ammoniak, und welche Eisenkomplexe sind Ihnen bekannt?

Die Grundstrukturen organischer primärer, sekundärer und tertiärer Amine sowie quartärer Ammoniumbasen?
Dreiwertiger und „vierbindiger" Stickstoff! — Raummodell: flache Molekülpyramide!

Was ist Kalium-hexacyanoferrat und durch welche Reaktion können Sie diesen Komplex charakterisieren?

Definieren Sie das Löslichkeitsprodukt.

Ionenprodukt eines Elektrolyten. — Nichtionisierte Substanzen. — Beeinflussung der Löslichkeit eines Elektrolyten durch gleichionige Zusätze.

Warum reagieren aromatische Amine schwächer basisch als aliphatische Amine und als Ammoniak?

(Erniedrigung der Ladungsdichte am Stickstoff durch Einbeziehung seines freien Elektronenpaares in das aromatische π-Elektronensystem. Hierüber memorieren!) — Welche Größe ist überhaupt für die Basizität des Stickstoffs in seinen Verbindungen verantwortlich? — Wie ist die Basizität von Pyridin, Anilin und Pyrimidin unter diesem Gesichtspunkt?

Was ist Berliner Blau, wie stellen Sie es her, und für welchen Komplex ist die Berlinerblau-Reaktion charakteristisch?

Wie verläuft die Chloridbestimmung durch Fällungstitration nach *Mohr?*

Wird in der Klinischen Biochemie zur Chloridbestimmung im Harn verwendet.

Schreiben Sie sich die Formeln von Cyclopentadien, Pyrrol und Furan hin und überlegen Sie, welche dieser Verbindungen reaktionsfähig ungesättigt sind und welche eine quasiaromatische Verbindung und somit relativ stabil ist.

Weitere quasiaromatische Verbindungen sind Imidazol und Purin (warum?). — Diese Ringtypen sollten Sie natürlich kennen. Der Imidazolring liegt im Histidin (Formel!) vor, einer Aminosäure, die im Verbande von Polypeptidketten der Proteine gerade durch dieses Ringsystem wichtige Bindungen eingehen kann. Das Purinskelet liegt den beiden für die genetische Informationsübermittlung wichtigen Purinbasen Adenin und Guanin zugrunde (Formeln!).

Durch welche Reaktion können Sie die Oxydationswirkung der Eisen(III)-Ionen nachweisen?

Anhand der Ionengleichung formulieren.

Formulieren Sie die Reaktion von Adenin mit Ribose formal zum Adenosin.

„Formal", da Sie noch nicht wissen, wie dieser Biosyntheseschritt in der lebenden Zelle abläuft. — Aber welcher Wasserstoff des Purinringsystems leicht substituierbar ist, das sollten Sie wissen. Es ist in allen Nucleosiden der gleiche Verbindungstyp: ein N-Glykosid.

Beschreiben Sie eine empfindliche Nachweisreaktion auf Eisen(III)-Ionen.

Was besagt der Nernstsche Verteilungssatz?
> Löslichkeit eines festen Stoffes in verschiedenen Komponenten der flüssigen Phase, die nicht oder nur begrenzt ineinander löslich sind. — Verteilungskoeffizient. — Grundlage für mehrere Systeme der Säulen- und Schichtchromatographie.

Analog dem Eisen(III)-Ion gibt auch das Kobalt(II)-Ion mit Ammoniumrhodanid eine Farbreaktion. Wie ist Kobalt(II)-rhodanid im Gegensatz zum Eisen(III)-rhodanid gefärbt und wie können Sie das erstere spezifizieren?

Glutaminsäure und Asparaginsäure sind „saure" Aminosäuren. Warum? — Substituiert man die der Aminogruppe entfernt liegende Carboxylgruppe zum Säureamid, so erhält man Glutamin und Asparagin. Was wissen Sie über deren Acidität?
> Sind Säureamide nicht eher Carbonylverbindungen? — Schreiben Sie die Elektronenmesomerie der Säureamidgruppe hin.

Auf Nickel(II)-Ionen gibt es eine sehr empfindliche Nachweisreaktion mit einem organischen Reagens. Ist Ihnen diese Reaktion bekannt?

Was besagt das Henry-Dalton-Gesetz?
> Was ist Partialdruck von Gasen? — Bunsenscher Absorptionskoeffizient. — Hat Bedeutung für den Gastransport im Blut.

Wozu dient Diacetyldioxim (Dimethylglyoxim) in der anorganischen Analytik?

Warum bildet Phthalimid ein Kaliumsalz?
> Es handelt sich hierbei um eine Besonderheit der $-CO-NH-CO-$ Gruppe. Wodurch ist die „NH-Acidität" bedingt? — Können Sie sich eine Analogie zur $-CO-CH_2-CO$-Gruppe, also zu β-Diketonen vorstellen, z. B. der Keto-Enol-Tautomerie der (biochemisch wichtigen) Oxalessigsäure?

Welche Eigenschaften von Kupfer, Silber und Gold können Sie aus der Elektronenbesetzung der äußeren Energieniveaus ablesen?
> Welche Wechselwirkungen bestehen zwischen dem äußeren s-Unterniveau und dem nächstinneren d-Unterniveau? — Und welcher Zustand besteht dann im Außenniveau, wenn die Innenniveaus vollständig aufgefüllt sind?

Beschreiben Sie das Charakteristikum einer Komplexverbindung anhand einiger anorganischer und organischer Beispiele.
> Z. B. Kaliumhexacyanoferrat(II), Fehlingsche Lösung, Äthylendiamintetraacetat. — Warum können Sie in einer Lösung von Mohrschem Salz $Fe^{2\oplus}$ nachweisen, in einer solchen von Kaliumhexacyanoferrat(II) nicht? — Zentralion, Liganden, Koordinationszahl-Unterschied zwischen Doppelsalzen und Komplexen?

Welche Oxydationsstufen bevorzugen Kupfer, Silber und Gold in ihren Verbindungen und wie erklären Sie dieses unterschiedliche Verhalten?

Gehen Sie von der Lactam-Lactim-Tantomerie der $-CO-NH-CO-$ Gruppe aus, nach der bereits gefragt wurde, und untersuchen Sie, ob solche Mesomerien auch bei Barbitursäure, Harnsäure, Adenin, Guanin, Uracil, Thymin und Cytosin möglich sind.

> Zuerst suchen Sie im Lehrbuch die Formeln auf, dann ordnen Sie sie systematisch anhand der Stammringstrukturen an, und schließlich formulieren Sie die gefragten Gleichgewichte, aber mit Einzeichnung der Elektronenverteilungen bei Grenz- und Zwischenzuständen. Sie werden nun auch verstehen, warum Barbitursäure eine „Säure" ist, ohne eine freie Carboxylgruppe zu besitzen. Ebenso die Harnsäure (= quasiaromatische N-Heterocyclen).

Durch welche Reaktion können Sie den Edelmetallcharakter von Kupfer, Silber und Gold beweisen?

Warum ist das Kupfer(II)-Ion in wäßriger Lösung blaugefärbt, das wasserfreie $CuSO_4$ dagegen farblos?

> Warum beobachten Sie eine Farbvertiefung, wenn Sie zu einer wäßrigen Kupfersulfatlösung Ammoniak zutropfen?

Zum Verständnis der Entstehung einer Peptidbindung ist es wichtig, den Mechanismus einer „nucleophilen Substitutionsreaktion" genau zu kennen. Inwiefern ist ein substituiertes Amin ein „nucleophiles Agens" und wie reagiert ein Amin mit einer substituierten Carboxylgruppe?

> Elektronendichte am N-Atom. — Addition nicht nur von Protonen, sondern auch von positivierten C-Atomen (Beispiel: Reaktion mit Halogenalkanen, aber was wird hierbei mit dem Halogenatom?). Welche Elektronenverteilung in Carbonsäureestern oder Carbonsäurechloriden oder anderen substituierten Carboxylgruppen (zur Übung als R-COX zu bezeichnen. In der Biochemie werden Sie lernen, was X in der lebenden Zelle ist!)? Befassen Sie sich in Ruhe und Ausführlichkeit mit diesem Reaktionstyp, insbesondere auch mit den Elektronenverteilungen.

Was beobachten Sie beim Einlegen eines Zinkgranulums in Lösungen von Kupfer(II)- oder Silber(I)-Salzen?

> Und beim Einlegen eines Kupferdrahtes in eine Zink(II)-Salzlösung?

Was ist Berliner Blau, wie entsteht es und was können Sie mit dieser Reaktion nachweisen?

> Es handelt sich um eine Komplexreaktion, die Sie bitte formulieren wollen.

Reagiert Kupfer(II)-sulfat mit Kaliumjodid in wäßriger Lösung?

> Welche Wertigkeitsstufe hat dann das Cu-Ion bei dieser Reaktion erreicht? Formulieren als doppelte Umsetzung.

Wie reagiert Salpetrige Säure mit Aminen?
> 1. Analogie der Nitrosogruppe $-N=O$ mit der Carbonylgruppe $>C=O$. — 2. Vergleich mit Acylierungen. — 3. Reaktion primärer Amine (Elektronenübergänge). — 4. Wie ist ein Diazoniumkation strukturiert? — 5. Was für ein Gas entweicht? — 6. Welche Verbindung entsteht aus einem primären aliphatischen Amin? — aus einer Aminosäure, z. B. Alanin? — aus einem Carbonsäureamid, z. B. Glutamin oder Asparagin? — aus Anilin? — 7. Können Sie aliphatische Diazoniumsalze einige Zeit beständig erhalten? — und aromatische Amine? — 8. Reagieren auch tertiäre Amine mit Salpetriger Säure?

Welche Reaktionsprodukte von Kupfer(II)- und Silber(I)-Salzen mit Ammoniak sind Ihnen bekannt?
> Vergleichen Sie diese Reaktion mit derjenigen mit Natronlauge. Beide sind doch starke Basen! Formeln und Charakterisierung der Reaktionsprodukte.

Warum ist Kaliumhexacyanoferrat(II) ungiftig, obgleich es CN^--Ionen enthält?

Versetzen Sie Lösungen von Kupfer(II)-sulfat oder Silbernitrat mit einigen Tropfen Natronlauge, so erfolgt jeweils eine zweistufige Reaktion. Welches sind die Primär- und die Endprodukte?

Greifen wir jetzt die frühere Frage nach der Umsetzung von Aminen mit Salpetriger Säure für den Spezialfall aromatischer primärer Amine noch einmal auf. Nun erläutern Sie den Mechanismus der Kupplung von Diazoniumsalzen.
> Stehen die π-Elektronen der $N=N$-Dreifachbindung nicht in Konjugation mit den π-Elektronen des aromatischen Ringes? Was können Sie hieraus in Bezug auf die Stabilität von aromatischen Diazoniumverbindungen ableiten? — Am besten wählen Sie das Beispiel der diazotierten Sulfanilsäure, denn dies ist ein in der analytischen Biochemie und auch im klinisch-biochemischen Laboratorium oft gebrauchtes Reagens (z. B. zur quntitativen Bestimmung des Bilirubins). Lassen Sie es nun mit einem Phenol oder einem tertiären aromatischen Amin (als einfachen repräsentativen Beispielen) reagieren. Es entstehen Azoverbindungen, von denen viele gefärbt sind (Azofarbstoffe, daher die Möglichkeit quantitativer Analysen anhand der Lichtextinktionen).

Wie stellen Sie die Sulfide von Kupfer und Silber dar, wie sehen sie aus und durch welche Zusatzreaktionen können Sie sie charakterisieren und dadurch voneinander unterscheiden?

Schreiben Sie ein einfaches Beispiel eines Dipeptides, z. B. Alanylglycin, hin, und studieren Sie an diesem den Mechanismus der Hydrolyse der Säureamid(Peptid)-Bindung.
> Analogie zur Esterhydrolyse, aber wie erfolgt die Elektronenverteilung beim Spaltungsvorgang? — Auf welcher Seite liegt das Gleich-

gewicht? Ist die Reaktion umkehrbar? — Was erhalten Sie beim
Zusammenbringen von Alanin und Glycin? — Formulieren Sie
nun neben der protonenkatalysierten Säureamidhydrolyse auch
den Reaktionsablauf der alkalischen Hydrolyse.

Wie ist die Elektronenbesetzung des d-Unterniveaus und des äußeren
s-Unterniveaus von Zink und Quecksilber?
Durch welche Veränderungen in der Elektronenbesetzung erklären
sich ihre Reaktionen?

Was verstehen wir in bezug auf Komplexsalze zwischen Primär- und
Sekundärdissoziation?
Sie erwähnen hier auch die Instabilitätskonstante, für die es noch
einen allgemeinen Ausdruck gibt. Wie nennt man den reziproken
Wert?

Bildet Zink auch -(I)- und -(II)-Verbindungen wie Quecksilber?

Zeichnen Sie die beiden Diastereomeren des Alanins auf.
Welcher sterischen Reihe gehören die „natürlichen" Aminosäuren
an, d. h. derjenigen, die Eiweißbausteine sind? — Sind auf synthe-
tischem Wege erhaltene Aminosäuren ebenfalls optisch aktiv, und
was für welche erhält man bei der Synthese? — Zeigen die natürlichen Aminosäuren auch nur einen optischen Drehungssinn?

Wie erklären Sie die Unterschiede im Dissoziationsverhalten in wäßriger Lösung von Quecksilberverbindungen im Vergleich zu den analogen
Verbindungen anderer Metalle?

Was ist der Unterschied zwischen Anlagerungskomplexen und Durch-
dringungskomplexen?

Sind Hg(I)-Verbindungen in wäßriger Lösung monomer oder dimer?

Beschreiben Sie die wichtigsten Eigenschaften von Aminosäuren, die sich
aus ihrer Säure-Base-Natur ableiten lassen.
Wir haben solche Eigenschaften schon bei den Ampholyten erwähnt. — Wechselwirkung zwischen $NH_3^\oplus$ und $^\ominus OOC$-Gruppe,
in Abhängigkeit von ihrem Abstand.

Versetzen Sie eine wäßrige Lösung von Zinksulfat tropfenweise mit
verdünnter Natronlauge, so fällt zunächst ein Niederschlag aus, der
sich dann wieder auflöst. Erklären Sie dieses Verhalten und formulieren Sie die Reaktion.

Nennen Sie Beispiele für komplexe Verbindungen, die einzähnige,
zwei-, drei- und mehrzähnige Liganden enthalten.
Was sind Chelate, wie ist ihr räumlicher Aufbau?

Zeichnen Sie Lysin im protonierten bzw. deprotonierten Zustand hin und erläutern Sie, wie sich die Aciditäten der beiden Aminogruppen wechselseitig beeinflussen.

Ist die ε-$NH_3^{\oplus}$-Gruppe stärker oder schwächer basisch als die α-$NH_3^{\oplus}$-Gruppe? — Einige pKa-Werte, z. B. die des Lysins, sollten Sie sich merken.

Versetzen Sie die wäßrige Lösung von Quecksilber(II)-chlorid mit verdünnter Natronlauge, so fällt ein gelbgefärbter Niederschlag. Was ist das für eine Verbindung?

Unter welchem Trivialnamen ist Quecksilber(II)-chlorid allgemein bekannt?

Formulieren Sie das Kupfer-Glycin-Chelat, das Kupfer-Glykol-Chelat und das Kupfer-Glycerin-Chelat.

Zeichnen Sie Asparaginsäure und Glutaminsäure im völlig dissoziierten Zustand hin und erläutern Sie die Unterschiede in den Aciditätskonstanten aller geladenen Gruppen beider Aminosäuren.

Auch von diesen sollten Sie sich die Aciditätskonstanten merken.

Wenn Sie eine verdünnte wäßrige Lösung von Zinksulfat tropfenweise mit verdünnter Ammoniaklösung versetzen, entsteht zunächst ein Niederschlag, der unter Bildung eines komplexen Kations wieder in Lösung geht. Welche Zusammensetzung besitzt dieser Komplex?

Zählen Sie alle funktionellen Gruppen der Aminoacylreste auf, so wie sie dann aussehen, wenn die Aminosäuren in einem Polypeptid miteinander durch die Peptidbindungen verknüpft sind.

Formulieren Sie die Reaktion von Quecksilber(II)-chlorid mit Ammoniak in wäßriger Lösung.

Wieviele Moleküle von beiden Reaktantien treten miteinander in Reaktion?

Welcher chemische Reaktionsmechanismus liegt der Biuret-Reaktion zugrunde?

Welche Reaktion findet statt, wenn Sie Alanin mit Benzoylchlorid in Natronlauge umsetzen?

Klassische Reaktion zur Herstellung einer Säureamid(Peptid)-Bindung. — Lassen Sie anstelle des Alanins Glycin mit Benzoylchlorid reagieren, dann entsteht eine Verbindung, die auch im Harn vorkommen kann und nach der griechischen Bezeichnung für Pferd benannt ist. Sie ist z. B. die Entgiftungsform für Benzoesäure, die durch Koppelung an Glycin harnfähig gemacht wird.

Auf welche Weise disproportioniert Quecksilber(I)-chlorid beim Übergießen mit verdünnter Ammoniaklösung?

> Der Trivialname des Quecksilber(I)-chlorids? — Eine Schwarzfärbung wäre zu deuten!

Welcher grundsätzliche Unterschied besteht im Mechanismus von Säure-Base-Reaktionen und Oxydations-Reduktions-Reaktionen?

> Kennen Sie aber auch Verknüpfungen von Elektronen- und Protonenübertragungen?

Formulieren Sie die Reaktionen von Zinksulfat, Quecksilber(II)-chlorid und Quecksilber(I)-chlorid mit Schwefelwasserstoff in wäßriger Lösung.

Definieren Sie die Begriffe Oxydation und Reduktion.

> Erinnern Sie sich noch an die in den beiden Halbzellen des Daniell-Elementes ablaufenden chemischen Reaktionen? — Welche Vorgänge spielen sich bei einer Elektrolyse ab? — Nennen Sie einige Reaktionen mit direktem Elektronenaustausch. — Was sind also Reduktionsmittel und Oxydationsmittel? — Was ist Elektronendonator und Elektronenakzeptor? — Korrespondierende Redoxpaare: allgemeine Gleichung und spezielle Beispiele. — Oxydationsstufe.

Warum ist Quecksilber(II)-chlorid in Wasser sehr viel besser löslich, wenn Sie Kochsalz zusetzen?

> Die zu Desinfektionszwecken, d. h. zur Herstellung von Lösungen mit solcher Wirkung industriell hergestellten „Sublimatpastillen" enthalten stets Kochsalzzusatz. — Welcher Bindungstypus liegt im Hg-Salz weitgehend vor?

Formulieren Sie die Redoxgleichung von $Fe^{2\oplus}$ und Permanganation.

> Zuerst die Gleichung für den Oxydations-, dann für den Reduktions-Teilvorgang. Dann Addition unter Beachtung des kleinsten gemeinsamen Vielfachen der abgegebenen und aufgenommenen Elektronen.

Welches komplexe Anion entsteht beim Versetzen einer wäßrigen Lösung von Quecksilber(II)-chlorid mit Kaliumjodidlösung?

Was verstehen Sie unter redoxamphoteren Systemen?

> Analogie zu amphoteren Systemen der Säure-Base-Theorie. — Nennen Sie hierzu Beispiele.

Beschreiben Sie die Sonderstellung des Kohlenstoffs im Periodensystem als Grundlage und Voraussetzung für die Bildung „organischer Verbindungen".

> Welche Stellung nimmt Kohlenstoff zwischen den Edelgasen seiner Periode ein? — Vergleichen Sie hiermit die anderen Elemente der IV. (s^2p^2)-Hauptgruppe! — Welche Eigenschaften weisen diese

anderen Elemente im Vergleich zum Kohlenstoff auf in Bezug auf Aufnahme oder Abgabe von Elektronen. — Vergleichen Sie auch, als Erklärung für dieses unterschiedliche Verhalten, die Atomvolumina aller Elemente dieser Hauptgruppe.

Inwiefern sind Wasserstoffperoxid und Braunstein redoxamphotere Verbindungen?

Formulierung der beiden Reaktionsmöglichkeiten beider Verbindungen.

In welcher Weise reagiert Formaldehyd mit Aminosäuren? Formulieren Sie diese Reaktion.

Generell heißen solche Verbindungen Azomethine bzw. Schiffsche Basen. — Inwiefern kann man diese Reaktion als Grundlage eines titrimetrischen Analysenverfahrens für Aminosäuren verwenden? (Formoltitration nach Sörensen). Sie lernen später, daß diese Grundreaktion zwischen Aminosäuren und einem Aldehyd (Pyridoxalphosphat) eine wichtige Reaktion in allen lebenden Zellen ist.

Welche Art von Bindungen bildet Kohlenstoff normalerweise aus?

Sie herrscht in den Kohlenstoffverbindungen der „organischen" Chemie vor.

Was ist Redoxdisproportionierung?

Wieder das Beispiel Wasserstoffperoxid + Braunstein. Wie erklären Sie die Wirkung der letzteren?

Ist Kohlenstoff zur Bildung von Carboniumionen und von Carbanionen befähigt?

Was würde man darunter verstehen und wodurch würden sie entstehen?

Durch welchen Umsatz können Sie Kohlenmonoxid herstellen und welche Eigenschaften besitzt dieses Gas?

Wie formulieren und erklären Sie die Reaktion des gasförmigen Chlors mit Natronlauge?

Kann Kohlenmonoxid mit Wasser zu Ameisensäure reagieren, als Umkehrung seiner Bildung?

Können Sie CO formal als Anhydrid der Ameisensäure auffassen?

Beschreiben Sie eine Versuchsanordnung zur Messung von Redoxpotentialen und definieren Sie diese Größe.

Halbelement — Einzelpotential (ist dieses meßbar?) — Normalwasserstoffelektrode (dessen numerischer Wert?) — Potentialbildender Vorgang. — Meßkette (Wie Stromfluß?) — Normalpotential E_0 der Redoxpaare.

Formulieren Sie die Reaktion von Calciumcarbonat mit Salzsäure.
Wie können Sie das entweichende Gas chemisch charakterisieren?

Was ist Kohlensäure und in welchem Zustand liegt sie in Wasser vor?
Dissoziationsgrad der Säuren des Kohlenstoffs.

In welcher Weise reagieren Aminogruppen von Aminosäuren mit Kohlendioxid?
Es entstehen Carbaminsäuren. Auch diese sind von physiologischer Bedeutung. Formulieren Sie diese Reaktion.

Formulieren Sie die Dissoziation von Natriumcarbonat und von Natriumhydrogencarbonat in wäßriger Lösung.
Wie reagieren die Salze schwacher Säuren und starker Basen in wäßriger Lösung? — Womit weisen Sie diese Reaktion nach?

Für welche Tendenz bedeutet das Normalpotential einer Redoxpotential-Meßkette ein Maß?
Nun leiten Sie die Nernstsche Gleichung für E ab. — Dann erläutern Sie die Spannungsreihe. Diese Dinge sind für biochemisch-energetische Betrachtungen von außerordentlicher Wichtigkeit! — Bei welchem Spezialfall wird der zweite Term der Nernstschen Gleichung $=$ Null, so daß $E = E_0$ wird? — Jetzt memorieren Sie noch einmal, was Sie unter Normalpotential verstehen und was es aussagt. — Inwiefern besteht formale Analogie zwischen der Nernstschen und der Henderson-Hasselbalch-Gleichung?

Was beobachten Sie beim Einblasen von Atemluft in Barytwasser und welchen Atemluftbestandteil weisen Sie mit diesem Versuch nach?

Können Sie sich vorstellen, daß Aminosäuren Kupferkomplexe bilden? Wenn ja, dann formulieren Sie einen solchen Komplex am Beispiel des Glycins.
Einige Cu-Aminosäure-Komplexe sind wasserlöslich, z. B. Glykokoll-Kupferkomplex, andere sind es nicht, z. B. Leucin-Kupferkomplex.

Warum reagiert eine wäßrige Lösung von Kaliumcyanid alkalisch?

Erinnern Sie sich noch, was Sie beobachteten, als Sie im Praktikum festes Leucin im Reagensglas trocken vorsichtig erhitzten?
Es trat ein charakteristischer Geruch auf. Die Carboxylgruppe sitzt sehr locker. Wie heißt das riechende Reaktionsprodukt und welche Reaktion lief ab?

Formulieren Sie die Nernstsche Gleichung für den Spezialfall von Redoxpaaren, die mit Protonenübertragung verknüpft sind, z. B.
$$MnO_4^{\ominus} + 5\,e^{\ominus} + 8\,H^{\oplus} \rightarrow Mn^{2\oplus} + 4\,H_2O.$$
Ist hierbei das Potential E pH-abhängig? Und das Normalpotential E_0?

Zur Identifizierung und quantitativen Bestimmung von Aminosäuren verwendet man viel die sogenannte Ninhydrin-Reaktion, die Sie jetzt beschreiben sollen.

Es tritt eine Färbung auf, die an Indigo erinnert. Bei dieser Reaktion findet intermediär eine oxydative Desaminierung statt, aber was ist hierbei Oxydans? Dieses liegt dann natürlich in der reduzierten Form vor, und schließlich kommt es zu einer Kondensation.

Welche Größe bestimmt die Richtung einer Redoxreaktion zwischen zwei Redoxpaaren?

Wie verläuft also der Elektronenflux?

Im Hämoglobin ist das Zentralatom Eisen mit vier Koordinationsbindungen an Stickstoffatome von Pyrrolringen gebunden, mit der fünften an einen Imidazolring des Globins. Aus welchen Gründen halten Sie gerade diesen Rest für so bindungsfähig?

Welchem Aminosäurerest gehört der Imidazolring an? — Formulieren Sie das Protolysegleichgewicht des Imidazolringes. — Haben die Histidylreste der Proteine Anteil an den Puffereigenschaften der Proteine? — Glauben Sie, daß die Imidazolgruppen der Histidylreste von Proteinen mit diazotierter Sulfanilsäure kuppeln?

In welcher Größenordnung liegt der pK_a-Wert der phenolischen Hydroxylgruppe des Tyrosins und derjenige der Imidazolgruppe des Histidins?

Wie können Sie durch eine einfache Reaktion Tyrosylreste in Proteinen nachweisen?

Die gleiche Reaktion geht übrigens auch mit Tryptophan, ist also nicht spezifisch.

Cystein und Cystin sind ein reversibles Redoxsystem. Bitte formulieren.

Cystein ist im Tripeptid Glutathion enthalten; auch dieses ist ein biochemisch wichtiges Redoxsystem. — Welche Art von Bindung liegt in den Dimerisaten Cystin und S-S-Glutathion vor? — Könnte diese Art von „Querverbindung" auch zur Vernetzung von Cystein-haltigen Polypeptiden beitragen?

Formulieren Sie die Nitrosäureform und die aci-Nitroform der mit konzentrierter Salpetersäure nitrierten Tyrosylreste von Proteinen (Xanthoproteinreaktion).

Zunächst bemerken, daß durch die polarisierte N-O-Bindung in der Nitrogruppe durch Abzug von Elektronen aus der benachbarten phenolischen OH-Gruppe diese stärker dissoziiert. — Nun also das chinoide Bindungssystem nach Laugenzusatz. Farbänderung?

Wie führen Sie die Millonsche Reaktion durch und wofür ist sie spezifisch?

Es handelt sich um die Reaktion eines Quecksilbersalzes mit einer Eiweiß-Aminosäure. — Die Reaktion fällt auch mit Phenol positiv aus.

Was ist Tryptophan, Indol und Skatol?

Es handelt sich um heterocyclische Verbindungen, deren erstere Protein-Baustein ist und die letzteren darmbakterielle Umwandlungsprodukte der ersteren. Sie kondensieren mit Glyoxylsäure zu einem Farbstoff (Farbreaktion nach *Cole-Hopkins*).

Warum werden durch $MnO_4^{\ominus}$-Ionen in stark saurem Medium $Cl^{\ominus}$-, $Br^{\ominus}$- und $J^{\ominus}$-Ionen oxydiert, bei pH 3 noch $Br^{\ominus}$ und $J^{\ominus}$ und bei pH 6 nur noch $J^{\ominus}$?

Die Nernstsche Gleichung wird hierzu gebraucht.

Was ist Arginin und welche bemerkenswerte Molekelgruppe enthält es? Zählt diese Aminosäure zu den neutralen oder basischen und warum? — Eine recht charakteristische Reaktion auf Arginin ist die nach *Sakaguchi* mit α-Naphthol und Bromwasser (Formulieren!).

Beschreiben Sie eine elektrometrische Versuchsanordnung zur pH-Messung.

Die Titration von Oxalsäure mit Kaliumpermanganat ist eine Redoxtitration. Beschreiben Sie diesen Vorgang.

Warum beobachtet man hierbei Reaktionsverzögerung? Wie überwindet man diese? — Findet hierbei auch Autokatalyse statt und durch welches Ion?

Mit welcher Reaktion weisen Sie den in Cystein (und in Cystein-haltigen Eiweißkörpern) gebundenen Schwefel nach?

Welcher Reaktionsvorgang liegt der Manganometrie zugrunde?

Zwei repräsentative Beispiele für dieses Bestimmungsverfahren sollten Sie kennen.

Welcher Reaktionsvorgang liegt der Jodometrie zugrunde?

Dieses maßanalytische Verfahren ist wie die Manganometrie eine „Redoxtitration". Warum? — Ebenfalls zwei repräsentative Beispiele einprägen.

Wenn Sie Toluol mit Salpetersäure umsetzen („nitrieren"), welche Derivate erhalten Sie? — Nitrieren Sie Nitrobenzol, was erhalten Sie dann?

„Ortsbestimmung" eines Substituenten! — Können Sie hierzu eine Erklärung abgeben? Vielleicht versuchen Sie es auf der Basis, daß bestimmte Substituenten Elektronen abzugeben trachten und andere Elektronen an sich ziehen.

Wie verläuft die Umsetzung von Acetylchlorid mit Ammoniak?

Beim direkten Umsatz von Carbonsäuren mit Ammoniak entsteht ja nur das Ammoniumsalz, nicht?

Die Reaktion von organischen Säurehalogeniden oder Säureanhydriden
mit Hydroxylamin führt zu Hydroxamsäuren. Formulieren Sie diesen
Umsatz.

Eisensalze der Hydroxamsäuren sind tiefrot gefärbt, und man verwendet diese Reaktion in der biochemischen Analytik zur Photo-
metrie von Carbonsäuren, da einige auch in alkalischem Milieu
direkt mit Hydroxylamin reagieren.

Lithium-Aluminium-Hydrid (LiAlH$_4$) reduziert Carbonsäuren bis zum
primären Alkohol. Welche Reduktionsprodukte entstehen aus Essigsäure, Buttersäure, Malonsäure, Adipinsäure und Palmitinsäure?

Welche Verbindungen entstehen bei der Reaktion von Benzoylchlorid
mit Äthanol und von Buttersäuremethylester mit Äthanol?

Für den letztgenannten Reaktionstyp gibt es eine besondere Bezeichnung.

Schreiben Sie die Formeln für Monomethylglycin (Sarkosin), Dimethyl-
glycin und Trimethylglycin hin.

In welcher Form liegt der Stickstoff bei der letzten Verbindung
vor? — Sind Ihnen natürliche Vorkommen von Mono-, Di- und
Trimethylamin bekannt und wie riechen diese Verbindungen?
Warum sind diese Amine stärker basisch und weniger sauer als die
entsprechenden Alkohole? — Was ist der strukturelle Unterschied
zwischen Diphenylamin und Phenylendiamin?

Unter welchen Reaktionsbedingungen entsteht 2,4,6-Tribromanilin aus
Anilin und Brom?

Reagiert Toluol unter den gleichen Bedingungen ebenfalls mit
Brom oder müssen Sie noch etwas hinzufügen? — In welche Posi-
tionen dirigiert also die Aminogruppe des Anilins die neuen Substituenten? (Fällung mit Brom ist ein Reagens auf aromatische
Amine.)

Welches Nitroanilin entsteht beim Umsatz von Anilin mit starker Salpetersäure?

Formulieren Sie diese Reaktion.

Formulieren Sie die Darstellung von aliphatischen Aminen als Alkyl-
halogeniden.

Zweistufige Reaktion bis zum Monoalkylamin. Gehen Sie weiter,
bis Sie ein quartäres Ammoniumsalz erhalten haben (erschöpfende
Alkylierung). — Was ist Cholin?

Durch Hofmannschen Abbau lassen sich aus Carbonsäuren über Säure-
chloride die nächst niederen Amine gewinnen. Formulieren Sie diesen
Vorgang an einem einfachen Beispiel.

Handelt es sich dann um ein primäres Amin, so können Sie es mit
Permanganat wieder zur Säure oxydieren und Sie haben die ur-

sprüngliche aliphatische Carbonsäure um ein C-Atom verkürzt. (Der umgekehrte Weg — Verlängerung um ein C-Atom — könnte, wie Sie schon wissen, durch Cyanhydrinsynthese erfolgen.)

Welche Verbindung erhalten Sie bei der Reduktion von Acetonitril oder Acetamid mit Lithiumaluminiumhydrid?

Formulieren Sie die Reaktion von Diazobenzol mit a) Wasser in der Wärme, b) Kaliumjodid, c) Kaliumsulfid.

Welche Verbindungen entstehen beim Wasserentzug von Säureamiden durch Phosphorpentoxid?

Entwickeln Sie aus dem Ihnen bekannten Phenanthren zunächst durch vollständige Hydrierung das „Perhydrophenanthran“ und aus diesem das Cyclopentanoperhydrophenanthren. Es ist die Grundstruktur vieler in der Natur weit verbreiteter „Steroide“.

Sie lernen sie dann in der Biochemie im Einzelnen kennen.

Herstellung: Konrad Triltsch, Graphischer Betrieb, Würzburg

Erschienene Bände der Heidelberger Taschenbücher

Bitte Gesamtverzeichnis der Reihe anfordern!